Shanghai State-level Intangible
Cultural Heritage Series

Traditional Skills of Shanghai Cuisine

上海市国家级
非物质文化遗产代表性项目丛书

上海本帮菜肴
传统烹饪技艺

编委会主任 —— 于秀芬

本卷主编 —— 梅红健

上海市文化广播影视管理局

上海人民出版社

总 序

　　中国是一个拥有5000年历史的文明古国，勤劳智慧的中华民族创造了丰富多彩的非物质文化遗产（以下简称"非遗"）。非遗源自长期生产生活实践，蕴含着中华民族特有的精神价值、思维方式、想象力和文化意识，连接着各民族的深厚情感和恒久血脉，她与物质文化遗产共同承载着中华优秀传统文化，是文化多样性的重要体现。切实保护好、利用好这些珍贵的非遗，赋予中华传统文化新的时代内涵，对于实现社会经济全面、协调、可持续发展具有重要意义。

　　上海是我国著名的历史文化名城。上海文化的源头可以追溯到6000年以前。青浦崧泽、福泉山、金山查山、闵行马桥等地的考古发现表明，那时就已有先民劳动、休养、生息在这片土地上了。随着海岸线不断东移，上海先民的活动也不断顺势东进，约在10世纪前叶形成了现今的格局。千百年以来，上海因其水路交通便利，自唐宋逐渐成为繁荣港口；南宋咸淳三年（1267年）正式设立镇治；元朝至元二十八年（1291年），上海正式建县，这是上海建城的开始。至明代，上海地区商肆酒楼林立，已成为远近闻名的"东南名邑"；1685年，清政府设立上海江海关，一个国际性大商埠从此发展起来。上海县因交通便利、万商云集、物产丰富而被称为"江海之通津，东南之都会"。1840年鸦片战争后，英国强迫清政府签订丧权辱国的《南京条约》，上海被迫开放成通商口岸，外国资本的入侵冲击了本地传统手工业，但同时也带来了先进的科学技术和管理经验，促进了商业、金融、轻工业、交通运输的发展，形成了上海特有的工商文化。时事变幻，世代更替，独特的生态环境孕育了多姿多彩的上海非遗，其中有生动的民间信仰和习俗，百姓喜闻乐见的歌舞、戏曲和丝竹乐曲，还有巧夺天工的传统技艺、撼人心魄的民间竞技和令人叹服的工艺美术等。这些文化瑰宝融合古今、交汇东西，呈现鲜明的近现代工商业文化特征，在以农耕文明为主体的我国非遗体系中独具特色。

　　近年来，党中央和国务院高度重视非遗保护工作。2004年，我国加入联合国教科文组织《保护非物质文化遗产公约》。2005年，我国非遗保护工作正式启动。2011年，《中华人民共和国非物质文化遗产法》正式颁布实施，明确国家对非遗采取认定、记录、建档等措施予以保存，对体现中华民族优秀传统文化，具有历史、文学、艺术、科学价值的非遗采取传承、传播等措施予以保护。目前中国有39个项目列入联合国教科文组织非遗名录，是全世界联合国项目最多的国家。在国家的总体部署下，上海市积极开展非遗的普查建档、挖掘整理、抢救保护和宣传推广工作。2015年，上海市颁布《上海市非物质文化遗产保护条例》，确保非遗保护有法可依。2007年至今，市政府陆续公布了五批上海市非遗代表性项目名录，共计220项。其中，已有55项列入国家级非遗代表性项目名录。

为了让伟大先辈们创造的文化遗产代代相传，使其在全球化语境中发扬光大，交出一份令历史满意的答卷，我们从2009年起，启动了"上海市国家级非遗代表性项目丛书"编辑出版工程，通过"一个项目一本书"的形式，采用文字、图片、大事记、知识链接等方式，对列入国家级名录的上海项目进行生动而全面的介绍。截至目前，这套大型丛书已经累计出版分卷40余部，对本市珍贵的文化遗存进行了系统性整理，也为非遗在社会公众中的传播普及起到了积极作用。

当我们饱览这些成果时，不能不对长期致力于上海非遗保护传承的传承者和工作者肃然起敬，也不能不向为"上海市国家级非遗代表性项目丛书"编辑出版工作倾注心血的撰稿人、审稿专家和编辑表示诚挚谢意。在今年出版的分卷即将问世之际，中共中央办公厅、国务院办公厅印发了《关于实施中华优秀传统文化传承发展工程的意见》，这一重要政策不但将推动非遗事业进入新的历史阶段，也对我们的工作提出了前所未有的新要求，这将不断鞭策我们努力将这项工程不断推进下去。对于丛书编纂工作中出现的不当之处，敬请读者批评指正。

上海市国家级非物质文化遗产代表性项目丛书编委会主任
上海市文化广播影视管理局局长
2017年10月

General Preface

With five thousand years of history stretching from ancient civilizations to a contemporary, developing modern nation, Chinese people long used their diligence and intelligence to create a rich variety of intangible cultural heritage. China's intangible cultural heritage contains the values, aesthetic pursuits and emotional memories of the Chinese nation, and in turn demonstrates the creative characteristics of Chinese civilization. Cultural heritage is both a heartstring and lifeblood of a civilization, and this heritage provides us with powerful momentum for the development and innovation of contemporary culture. Protecting and promoting our outstanding intangible cultural heritage plays an important role in constructing the socialist core of our value system.

In fact, the origin of Shanghai culture can be traced back six thousand years, as demonstrated by archaeological findings in the areas of Qingpu's Songze, Fuquanshan Hill, Jinshan's Chashan Hill and Minhang's Maqiao showing that our ancestors were already working and living in the Shanghai area. Over time, the coastline gradually shifted eastward and along with our ancestor's activities. A geographical and municipal starting point that would be familiar to us today didn't form until around early 10th century. Until then, for thousands of years, Shanghai was just a small fishing village. Given its proximity to convenient waterway transportation, Shanghai has gradually become a busy port starting from the Tang and Song Dynasties. In the year 1267, during the Southern Song Dynasty, Shanghai was formally established as a town. During the Yuan Dynasty in 1291, Shanghai was officially established as a county, which we take as the origin of Shanghai as a city. By the Ming Dynasty, shops and restaurants proliferating in Shanghai, and the city became one of the most important and famous in southeastern China. In 1685, the Qing government established an official customs operation Jianghaiguan in Shanghai, an international commercial port began to take shape. Before the Opium War in 1840, Shanghai was already known as the region's "Southeast metropolis and communications hub", due to good transportation systems, large number of merchants, and rich natural resources. After the Opium War, Britain forced the Qing to sign the humiliating Treaty of Nanking, requiring Shanghai to become an open trading port. Although the subsequent invasion of foreign capital devastated Shanghai's traditional handicrafts, it also brought advanced science and technology and management experience, promoting the development of Shanghai's commercial, financial and industrial sectors, including textiles, light industry, and transportation, and helped spur the emergence of a new industrial and commercial civilization.

Spatial and temporal changes, the rising and falling of different dynasties, especially with Shanghai's unique ecological environment and industrial and commercial civilization, gave birth to a variety of intangible cultural practices, reflecting traditional folk beliefs and values, their beloved dances, opera and "string and bamboo" music, as well as intricate traditional crafts, breathtaking folk athletics and creative arts. These cultural treasures were handed down from generation to generation, some being active only in small areas, such as a township; some spreading widely to surrounding provinces, continuing to evolve and spread today. These ancient but still living cultural and historical traditions remain an important foundation for building an international cultural metropolis and enhancing the positive soft power of our urban culture.

In recent years, the CPC Central Committee and the State Council have attached great importance to the protection of intangible cultural heritage. In 2004, China joined the UNESCO Convention on the Protection of Intangible Cultural Heritage. In 2005, China's intangible heritage protection work officially started. In 2011, the People's Republic of China Intangible Cultural Heritage Act came into effect, providing China's Intangible Cultural Heritage protection work a legal framework. At present, 39 projects in China are included in the UNESCO Intangible Cultural Heritage List, the most in the world. Under the overall deployment of our government, Shanghai government has actively carried out census, archiving, rescue, protection and promotion of Intangible Cultural Heritage. In 2015, the Shanghai government promulgated the Regulations on the protection of Intangible Cultural Heritage of Shanghai to ensure that Intangible Heritage protection is enforceable.Since 2007, the Shanghai government has successively announced five batches of representative list of Shanghai's Intangible Cultural Heritage, a total of 220 items. Among them, 5 items have been included in the list of representative projects of State-level Intangible Cultural Heritage.

It is our responsibility today to pass on our cultural heritage from generation to the next, and ensure that it will flourish amid globalization. We have a deep responsibility to those who came before us to make sure this happens. Editing and publishing the Shanghai State-level Intangible Cultural Heritage Series is one of the ways we can fulfill this responsibility. Since 2009, in the form of "one item, one volume", we have provided a vivid and comprehensive introduction to Shanghai items that were included in the State-level Intangible Cultural Heritage list. We have done this by assembling text, pictures, memorabilia and knowledge chain etc. Thus far, this large series has published 40 volumes, giving a systematic collation of city's precious cultural relics, and doing so in a way that has also played a positive role in spreading and popularizing Intangible Cultural Heritage.

Now, as we enjoy the publication of this book series, we cannot fail to pay respect to the long committed inheritors and workers who continue to develop, protect, and pass along Shanghai Intangible Cultural Heritage. We also cannot fail to express our deep appreciation for the writers, peer reviewers and editors who have dedicated themselves wholeheartedly for "Shanghai State-level Intangible Cultural Heritage Series". The General Office of the CPC Central Committee and the General Office of the State Council have issued the Opinions on Implementing the Inheritance and Development Project of the Chinese Excellent Traditional Culture his year. This important policy will not only push the Intangible Cultural Heritage undertaking into a new historical stage, but also put forward unprecedented new demands on our work. This will continue to spur us to work hard to push this work forward. We welcome any feedback that helps us enrich this series of works.

Yu Xiufen

Director of the Editorial Committee
Shanghai State-level Intangible Cultural Heritage Series
Director-General of Shanghai Municipal Administration of Culture, Radio, Film & Television
October 2017

目录

总序   1

前言   8

本帮菜的历史渊源

青萍之末——上海开埠前的餐饮业   12

风云际会——道光到宣统时的本帮菜   18

花样年华——民国至抗战前后的本帮菜   29

百川入海——1949年5月后本帮菜的发展   35

万卷归宗——老饭店的前世今生   40

本帮名菜的"厨艺秘诀"

冷菜菜式   52

汤类菜式   60

烧类菜式   70

炒类菜式   78

蒸类菜   96

炸类菜   100

本帮菜传统烹饪技艺的风格特色

大卸八块细说"烧"   110

"炒"与"烧"   116

千烧不如一焖   120

勾芡的境界   126

自来芡的奥秘   131

糟香的秘密   137

本帮菜的文化价值

"老上海味道"的烹饪审美观   148

本帮菜的风格特色   164

本帮菜的文化内涵   177

附录

大事记   188

Traditional Skills of Shanghai Cuisine

Shanghai State-level Intangible Cultural Heritage Series

Contents

General Preface 3

Preface 8

Histories of Shanghai Cuisine

A humble outset: the catering in pre-opening Shanghai 12

Great chances: Shanghai Cuisine during Daoguang and Xuantong of Qing Dynasty 18

Glorious times: Shanghai Cuisine during Republic of China and the Anti-Japanese War 29

Flourishment: the development of Shanghai Cuisine since May, 1949 35

Rich heritage: the past and present of Shanghai Classic Hotel 40

Culinary Tips of Famous Dishes in Shanghai Cuisine

Cold dishes 52

Soup dishes 60

Poached dishes 70

Stir-fried dishes 78

Steamed dishes 96

Fried Dishes 100

Characteristics of Traditional Cooking Skills of Shanghai Cuisine

About poaching 110

Stewing and stir-frying 116

Prefer stewing to poaching 120

The art of starching 126

The secret of Zilai Starch 131

The secret of Rice Wine Sauce (Zaoxiang) 137

The Culture Value of Cooking Skills of Shanghai Cuisine

The aesthetics of classic Shanghai taste 148

Distinctions and features of Shanghai Cuisine 164

Cultural essence of Shanghai Cuisine 177

Appendix

Memorabilia 188

上海本帮菜肴传统烹饪技艺

上海市国家级非物质文化遗产代表性项目丛书

前 言

2014年11月，"上海本帮菜肴传统烹饪技艺"被正式列入第四批国家级非物质文化遗产代表性项目名录，上海老饭店是这一非遗项目的传承保护单位。在已经颁布的四批国家级非物质文化遗产中，以地方菜系的烹饪技艺入选的，本帮菜算是第一个。

本帮菜是上海的一张独特的文化名片——它是老上海人味觉上的一种集体记忆，它是上海这座城市味觉上的一种方言，它也是上海地域文化味道上的活化石。本帮菜中的诸多经典名菜在全国乃至海外华人圈都有着广泛而深入的影响力。而这些经典名菜的背后，则是一整套鲜为人知的本帮传统烹饪技艺。

本帮菜具有极其鲜明的上海地域特色，与鲁、扬、川、粤、浙、闽、徽、湘等八大菜系所不同的是，本帮菜的风格特色从形成雏形的那时候开始，就一直坚持"做下饭小菜的文章"，直至最终它将这篇文章做到了"江南味道的最大公约数"的境界。这是一个长达百年左右的、由一代又一代新老上海人共同完成的一个无意

识的集体创作。

本帮菜味道的秘密，看上去关键似乎在于那些神秘的"厨艺秘诀"。但事实上，仅仅从烹饪工艺学这个角度来看，是远远不能反映这种"老上海味道"的精髓的。因为菜谱和绝招无法记录下来火候的分寸、调味的浓淡、色泽的深浅与质感的境界，而一旦脱离了这些味觉艺术感受，本帮菜就成了徒有其形的空壳。

所以，我们要从站在全局的高度来重新打量本帮传统烹饪技艺，要综合看到这些经典名菜背后的那一系列历史渊源、技法特征、审美取向乃至更深层次的文化土壤。只有这样，才能相对较为"全息"地反映出本帮菜的真实面貌。

本书试图从美食文化的高度，对本帮菜传统烹饪技艺进行一次立体的俯瞰和透视。

需要说明的一点是，本帮菜虽然看起来比较家常，但任何一道名菜都没有一个所谓的唯一正确的"标准"菜谱，正像书法中的楷书，虽然大致的规则是有的，但仍然有欧、颜、柳、赵之别。本书中所列

举的例子，只是笔者所见识过的诸多种做法中相对比较经得起推敲的一种，而菜谱解读重点只在于烹饪理论的分析。菜理是不变的，审美原则定下来之后，如何实现这一目的，各种变化是万变不离其宗的。

本书相关文史资料由上海工商联王昌范先生提供，上海食文化研究会高级顾问周彤统稿执笔。所有的菜例均由上海老饭店制作。本书所有的章节均经李伯荣、任德峰等本帮菜烹饪大师审阅。

本帮菜的
历史渊源

本帮菜是老上海集体记忆里的一种味道，这是一种"味道上的上海方言"。

要想把本帮菜的味道解释清楚，那就必须要从这座城市的发展史说起。

所以我们必须站在一定的历史高度上，透过历史的重重迷雾，
筛选出上海城市发展史中影响本地风味特色形成的那些重大事件和节点来，
进而从美食文化的研究角度来重新剖析这部厚厚的历史。

Histories of
Shanghai Cuisine

Shanghai Cuisine is a taste in the collective memory of Shanghainese,
which is equal to the dialect of Shanghai.

If we would like to clarify the taste of Shanghai Cuisine,
we shall start with the development of the city.

We should take our eyes with historical view on important incidences
throughout the vell of the great history of Shanghai and
then re-explore the legends of catering.

青萍之末——上海开埠前的餐饮业

开埠前的相关美食文化背景

上海这座城市的近代历史一般都是从1843年开埠那时候开始写起的，这是上海历史上的一个重要分水岭。因为在此之前，上海只是江南一带的一个普通的县城，当然，比起没有码头的周边县城来，商业的相对繁荣，使得它更热闹一点。

至于它的地理位置，这就有点一言难尽了。上海虽然是一个通江靠海的好地方，不过自打明朝朱元璋那会儿起，就开始实行海禁政策了。进入清朝后，由于郑成功等雄踞海上，进行反清复明斗争，而当时的清政府又无力海上制胜，于是承继明朝法令，进一步申严海禁，实行了沿海迁界，以封锁沿海水陆交通联系来遏制郑成功等的反清力量。康熙收复台湾后，虽然重开了海禁，但也只是为了"穷民易于资生"，民间使用的渔船商船，只能严格限制在500石以下。

简而言之，开埠前的上海，地理上的优势并没有得到充分的发挥。

人们日常饮食的形成，是与当地的物产联系在一起的，有什么样的自然条件，就能产出什么样的主、副食品。上海毕竟地处江南，长江冲积平原肥沃的土壤和良好的气候条件，给予了这块土地上的人们丰厚的物产。

清朝时，有个叫秦荣光的人，写了一本《上海县竹枝词》。"竹枝词"这种文体在当时一般大都是一些用诗的语言来描写本地生活百态的，它的这种拉拉杂杂的记事功能与我们今天"讲述老百姓的故事"的纪录片有点类似。透过这些经过添油加醋式的"诗意"描写，我们还是可以了解当时的一些真实情况。

比如《上海县竹枝词》里提到水稻生产的情形："稻名瓜熟早收田，六十日收早直钱。最是香粳香可爱，陆龟蒙但识红莲"。这首词下面有个注，说是：六十日熟的水稻，从播种至收获，不过七八十日。也就是3个月不到一点，与现在早稻生产的情况相差不多。

上海的主食是以米饭为主，这是因为上海是稻作文化的故乡，有着数千年的水稻生产的历史。古时候的上海地区人们的

开埠前的上海东门城外

日子过得怎么样，可以通过两个例子来看一下：

元延祐二年（1315年）松属两县（华亭、上海）夏税秋粮74.5万余石，其中上海县40万石有奇，较宋末几增2倍。

清康熙九年（1670年）棉花歉收，每斤棉花贵至银3分，米每石1两7钱。

从这两条历史记载，可以证实，上海是产粮的地区，而且价格不贵。

……

好吧，我们不是来历数清朝中叶时的上海地方杂记类古籍的，有兴趣的读者自己去翻阅《上海县竹枝词》《上海乡土记》这些古籍类书去吧。

总之，我们只是需要通过这些典籍来从宏观上描绘一下当时的"上海味道"是怎么回事，进而简捷地勾勒出一幅"开埠前的上海"的印象派速写：清朝初期

（康熙年间）时，上海已经是一个人口24万左右的城市了，尽管它的行政级别还不高（当时比"县"高一级的行政单位是"府"）。

相对于周边的许多同级别的县城来说，这里有一个大型的海运中转码头（也就是后来的十六铺码头，只是那会儿还不叫这个名字），当时这个码头附近的老城厢里还是比较闹猛的，布店、盐行、当铺、戏院、茶馆、菜馆等商业门类都挺齐全。而且作为码头城市的一大特色，这里还经营南北货、洋货等内地不常见的物产。

那会儿的上海是个什么样子我们当然看不到，那会儿还没有纪录片呢，但我们可以读一读清嘉庆年间有个叫施润的人写过的一首诗："一城烟火半东南，粉壁红楼树色参，美酒羹肴常夜五，华灯歌舞最

1

2

春三"。

还有一个叫做叶梦珠的人在其所撰《阅世编》中这样写实地描述清朝初期的上海:"肆筵设席,吴下向来丰盛。缙绅之家,或宴官长,一席之间,水陆珍馐,多至数十品,即士及中人之家,新亲严席,有多至二三十品者,若十余种则是寻常之会矣"。

可见当时的上海,是个相对富足的地方。

但从另一个角度来看,这种富足也是缺乏个性的,与邻近的其他江南小城相比较,它并没有什么特别之处。

民间美食文化的早期积淀

"本帮菜"这个概念是上海开埠以后外地风味纷纷进驻上海以后才有的,相对于蜂拥而至的各种"客帮"风味,那会儿所谓的"本帮"其实差不多就是本地的乡下风味。所以我们有必要来审视一下这些"乡下风味"的来源。

上海郊区有三个厨师之乡,它们分别是三林塘镇、川沙镇和吴淞镇。

三百六十行,行行有名堂,厨艺当然也不例外。上海郊区的这些厨艺之乡,最初往往是由几个"手艺"较好的民间厨师带动起来的,由于交通不便,他们的厨艺一旦出了名,往往会在当地形成一种跟风效应,这样慢慢地形成了一种文化氛围,最终形成了所谓的"厨艺之乡"。

那会儿,上海乡下和江南各地的农村一样,婚丧嫁娶、庆生寿辰、四时八节乃至庙会赶集,往往都会有较大规模的家宴或者村宴。宴席上的菜肴,往往具有浓厚江南水乡农家菜的特色——各式时蔬、大鱼大肉。

上海郊区的宴席上,一直有所谓有"老八样"之说,但"老八样"到底是什么，则说法不同。比如南汇的"老八样"是：三黄鸡、走油肉、蹄髈、咸肉、蛋饺、红烧鸭、黑鱼、河虾。三林塘的"老八样"是：扣三丝、老甜肉、三鲜大蛋饺、金针木耳鱼、蒸三鲜、桂花肉、咸肉扣水笋及肉皮汤。

除了所谓的老八样，民间宴席上还有大拼盘、六热炒、四大菜、二点心等多种菜式格局。这些菜式大致有炒虾仁、炒蟹粉、炒虾蟹、炒腰花、鸡骨酱、糟鱼片、桂花肉、芋艿鸭、烧蹄筋、烧海参、爆橘红、生煸时蔬、雪菜笋、炒双冬、扒鸭、扣鸡、红烧或糖醋鱼、走油蹄髈等。

这些菜式虽然看上去眼花缭乱，但总的说来，烹饪技术含量并不算太高，尤其是经过精心设计的菜式还比较少。不过这些看上去比较"简单"的菜式，要想把它们做好了，也是有许多窍门的，而这些厨艺心得往往来自许多代厨师多年生产实践经验的总结。

和当时富庶的江南其他农村地区一样，一个手艺不错的厨师，自然会忙得不

亦乐乎。因为没有固定的经营场所，所以这些带着厨具卖手艺的乡下名厨，人称"铲刀帮"（这只是对这类群体的一种称呼，其实并没有形成组织的所谓的"帮"）。同样，后来进城开店的这些铲刀帮们又被人称为"饭摊帮"。

他们中的代表性人物有光绪年间的川沙张焕英、宝山金阿毛和民国初年的三林塘李华春，这些人往往是守着一些小小"绝招"而自得。后世称其为"江湖派"，而"江湖"某种程度上也就是见识小、没规矩的意思。

不过话说回来，正是这些乡下铲刀帮们的相对保守，本帮菜技艺才有了最早属于上海这方土地的原创手法；也正是因为有了这帮看上去很"江湖"的小手艺人的存在，他们才最终在不知不觉中汇总出了一个新的门派"本帮菜"。因为不管他们的技艺有什么异同，他们毕竟是在同一块土地上生长的人，相同的文化背景使他们产生了共同的饮食审美理念。这就是所谓的"一方水土养一方人"。

晚清时的上海移民

1

2

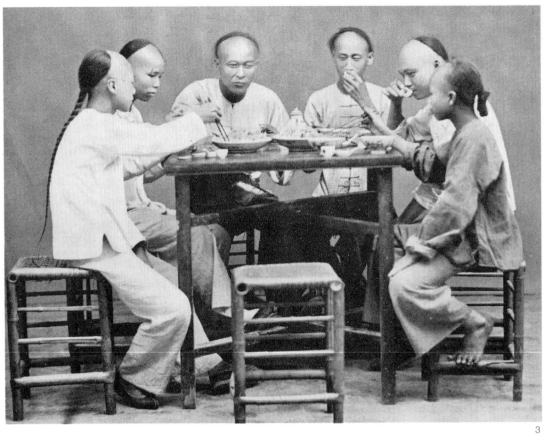

3

1
___
清末时上海的小吃铺

2
___
上海三林塘老街

3
___
清末时上海人的饭局

需要特别指出的一点是，尽管开埠之前的上海（无论是城里还是乡下）大家吃得都挺不错的，但那会儿是没有什么本帮菜的概念的。

要知道，如今人们所说的"本帮菜"，这3个字是有特定的含义的，它特指极富上海地域特色的一种菜肴风味体系。而这一体系是有着许多约定俗成的规矩的，比如味感上的普遍特征是"甜上口，咸收口"，比如烹饪技法上的普通特征是"炒不离烧，烧不离炒"。那会儿，这些后来的规矩还不存在呢，哪儿来"本帮"一说呢？即使有人这么叫，也最多只是"本地"的含义而已，没有风格特征，菜系就无从谈起。

"本帮"风格成形之前的重要基因

那么，谈到上海的味道，难道开埠前的上海就什么事也没有了吗？

当然不是，我们还要看到另外一些隐性的元素：

（一）这里是一个通江靠海的地方，农业相对比较发达，气候也适宜人居，这里的自然物产也相对比较富足，早在新石器时期，这里及周边地区就已经有崧泽文化和良渚文化了。

（二）这里也是一个文化发达的地方，毕竟江南一带耕读传家已经形成了一个根深蒂固的传统，而擅长精耕细作的农业文明的思维方式已经渗透到人们的血脉之中，成为一种文化基因。

（三）这里的码头还孕育了早期的一种商业传统，在重农抑商的古代，这是一个难得的基因，至少这里的人不会看不起商人。

这些都是上海城市文化中不太显山露水的"阴性"的一面，但这些基础条件同样很重要，它们只需要有一个外力的"阳性"的元素来唤醒。但没有这些"阴性"的元素，那么即使有了外部的变革元素来了，也还是不能起多大的作用。

这可以从另一个角度来看，清道光以后，中国陆续开设了"租界"的地方并不仅仅只是上海一处，广州、天津、九江、汉口、厦门等地也有，但唯独只有上海借鉴吸收了中外各种文化而一发冲天。从小处着眼来看，也只有上海在开埠后，充分借鉴和吸收了外来饮食文化的长处，并结合自身的特点，最终孕育出了"本帮菜"这朵奇葩，这一现象在其他受外来文化冲击的城市也并未出现。

所以我们说，开埠前的上海，是在等待一个机会，等待一个触发并引燃它的外来的火种。1843年11月17日，上海开埠了，于是上海的历史包括本帮菜的历史从此另起一行，开始书写新的篇章。

风云际会——道光到宣统时的本帮菜

从十六铺码头说起

本帮菜的起源与十六铺码头直接相关，可以说如果没有十六铺码头，那么英国人不会看中上海，鸦片战争后就不会有上海开埠，再接下来上海的一切都不会发生。

十六铺码头为何如此重要呢?

"十六铺"这个地名的首次出现，是在清朝的咸丰、同治年间。为了防御太平军进攻，当时的上海县将城厢内外的商号建立了一种联保联防的"铺"。由"铺"负责铺内治安，公事则由铺内各个商号共同承担。最初计划划分27个铺，因为种种原因实际只划分到了16个铺（即从头铺到十六铺）。而其中第十六铺是16个铺中区域最大的，包括了上海县城大东门外，西至城濠，东至黄浦江，北至小东门大街，南至万裕码头街及王家码头街。1909年，上海县实行地方自治，各铺随之取消。但是因为十六铺地处上海港最热闹的地方，客运货运集中，码头林立，来往旅客和上海居民口耳相传都将这里称作"十六铺"，作为一个地名，这个名称也就存用至今。

十六铺码头的海运早在清代乾隆年间就已经发展起来（只是那时候还不叫"十六铺"这个地名），当时海禁刚开放，沿海贸易繁荣。而受制于当时的造船水平，当时中国的海运并不能直接南北通航：广东和福建的南船吃水较深且比较高大，适合在东海、南海的沿岸深水海面航行；而上海及其周围地区的沙船，船底较平坦，吃水较浅，适合在黄海、渤海等沿海浅水海面航行。正是由于南船不能北上，而北船又不能南下，上海于是就成了当时中国海运的南北中转站。

1832年的初夏，为了解上海的航运现状，逼迫清政府开放上海，一名东印度公司的职员和一名英国传教士，躲在吴淞口的芦苇丛中整整一个星期。他们惊讶地看到，一周之内竟有400余艘大小不同，载重自100吨至400吨的帆船经吴淞口进入上海。推算下来，上海十六铺的全年运输量当超过500万吨。东印度公司在给英政府的报告中说：如果他们看到的货船数是全

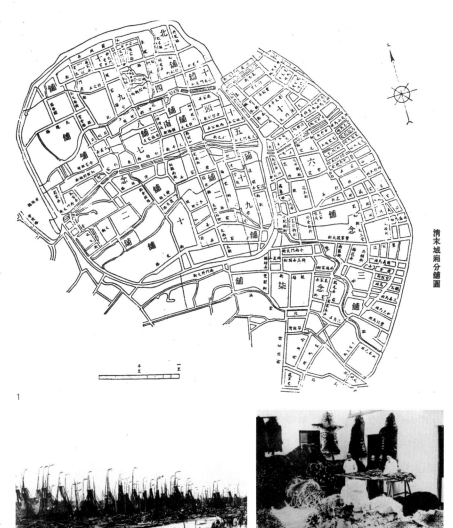

清末城厢分铺图

1

2

3

1
清末上海城厢分铺图

2
晚清时繁忙的十六铺码头

3
十六铺的皮货商人

年平均量的话，那么上海港不仅是中国的最大港，而且是世界的最大港之一，不亚于英国的伦敦港。

开埠之后的十六铺，中资、外资的航线均集中于此，它成为了中国轮船业的大本营。除去南北商品的运输外，每逢天灾人祸，各地的难民都乘船从十六铺来到上海。十六铺，是那个时代上海的门户，也是最混乱的地区之一。除烟、赌、娼之外，还有地下的青、洪帮会。不过，清朝

1

2

中叶以前，运河水运的繁荣要远远盛于海运，而十六铺码头实际上处于运河体系的边缘，所能发挥的功能有限。但是，一场农民运动给十六铺码头带来了新的机遇。1853年太平天国在南京定都后（距离1843年上海开埠10年），江南变成了战区，运河水系自此被拦腰截断，全线衰落。因为运河不能贯通，中国南北的物资联系从过去的以河运为主被迫改成了以海运为主。

十六铺码头从此正式奠定了它在中国的航运中心地位。而十六铺码头的超常发展和快速繁荣，带动了外来人口的大量流动，包括本帮菜在内的上海海派文化，由此开始萌芽。

十六铺转动了上海的坐标轴

十六铺码头的命运改变了，这就像坐标轴被凭空转动了一个角度一样，原来坐标表上各个点的定位指标统统都得换，这可是由不得你做主的：

码头越来越繁忙了，就得有更多的码头工人卸货，这活儿不需要多少文化，有体力就行，这就得雇人吧。

接下来，仓储得配套吧，分销得配套吧，这么多货物往各地流动总得有人有车有船来运吧。

新玩意儿多了，洋玩意儿也多了，商铺自然就多了，稀罕物件总是有人需求的，商业街道不够了吧，居住的房子不够了吧，地皮该涨价了吧。

生意做大了，就能决定市场价格，老板们的大本营该挪到上海来了吧，大大小小的生意总该有个银行（那会儿叫钱庄）来结算吧。

南来北往的人口音不同、风俗不同、宗教不同，你得习惯吧；中国人外国人语言不同，你得学习吧；听不听得懂是一回事，至少你得跟不同的人打交道吧。

人多了，麻烦全来了，这还不光是道路和房子不够用的事，也不光是多建几个医院、学校、戏园子的事，老城厢、英租界和法租界的规矩各不一样，更麻烦的还有黑社会和流氓……

关于上海开埠后的人口情况，这里有

1

2

一组数字：

  1843年11月上海开埠时，上海人口约27万人，而同期杭州为100万人，苏州、南京、宁波为50万人；上海开埠后，人口骤增，外地人潮水般涌到这块神奇的土地上来。仅仅过了9年，也就是到了1852年，上海人口就已经变成了54万多人。接下来太平天国、八国联军……中国整个乱套了，到清末时都没人精确统计。下一次人口统计是辛亥革命前的1910年，这时候上海已经有128万人了。这还没完，仅仅再过5年，到了1915年时，人口已超过300万人了。

  这还仅仅只是粗线条地勾勒了一下，细下去还要啰唆得多，要知道上海历史如今早就成了一门庞杂无比的大学问了。

  但这些不重要，我们是研究本帮菜历史渊源的，我们得从这些数据中看出我们需要看到的史实来。

徽菜的朴实理念

  随着上海人口的急剧膨胀，当时的上海餐饮市场也迎来了春天。要知道这些外乡人不管在上海找到了什么样的营生，第一件大事，就是要填饱肚皮，所以生意实在是太好做了。于是各地餐饮经营者也纷纷挤进上海来，希望从这里分得一杯羹。

  最早进驻上海的餐饮主力军，是徽菜。

  这个并不奇怪，自从道光年间清政府的第一个不平等条约《南京条约》签订以来，中国的国运就开始走下坡路了。鸦片战争的巨大赔款，迫使清政府改变了许多税收政策。比如盐务本是国家垄断经营的，但随着私盐不断泛滥，国家不再靠几个大盐商来交税了，"纲盐法"改为了"票盐法"，先交税后贩盐，而且谁都可以做盐的生意；茶叶、丝绸、陶瓷等大宗

1
十六铺一带码头地图

2
十六铺的码头工人

生意的规矩也随之进行了变革。

上海的十六铺是当时中国最大的商业码头，大宗生意乃至行情价格往往都在这里决定。当时中国最大的商帮是徽商，这下他们坐不住了，于是扬州、苏州、杭州的徽商们纷纷把大本营转移到上海来，他们当然也会带来徽菜。其他商帮当然也开始从梦中醒来，只是无论是资金、物流还是人数上，徽商都是移民上海的第一批主力商帮。

道光到咸丰年间，也就是上海开埠后不久，沪上的徽帮菜馆已有三四百家之多，这其中比较著名的有其萃楼、同庆园、七星楼、大和春、同福园、老醉白园、鼎丰园、宴宾楼、中华楼、海华楼、大富贵等，更多的是没有留下名字的。

"重油、重色、重火工"的徽菜不仅慰藉了徽商们的思乡情结，也给从事重体力劳动的许多江浙地区的新移民们带来了欣喜，因为山区菜肴的这种浓厚的风格正好对了他们的胃口。

徽菜入沪是本帮菜历史上的一个重要节点。

相对于当时还没有成形的上海本地风味而言，徽菜无论是在体系上还是风格上都要完备得多。而这些源自徽州山区的质朴的菜式，恰好符合了当时以江浙移民为主的普通上海人的消费习惯，虽然精致的淮扬菜和昂贵的粤菜那时候也陆续进驻了上海，但它们始终没有成为主流，因为不"下饭"的菜在当时被认为是很"洋盘"的。

需要指出的另一点是，徽菜入沪后，除了炒鳝糊、菊花锅等少数几只名菜之外，徽菜没有给后来的本帮菜带来（或者留下）什么经典菜式，乃至于今天的很多人都不知道本帮菜与徽菜之间有什么渊源关系。

但是后来的本帮菜形成了一个最重要的"指导思想"，那就是——亲民实惠、浓油赤酱！应该说，早期的徽菜是完全符合这一"指导思想"的，而同一历史时期进驻上海的其他菜系（这里指作为一个菜系大规模地进驻上海），比如淮扬菜和苏

1
___
清末时福州路的商铺

2
___
本帮清炒鳝糊源于徽菜

3
___
大富贵酒楼是上海著名的徽菜馆

1

2

3

锡菜，在这一原则上都贯彻得不如徽菜坚决。

应该说，正是因为徽菜的这种原汁原味、注意实惠的指导思想，为早期的上海本帮菜风格的形成，指出了一条路子，或者至少说是给予了重要影响。

上海的历史，让本帮菜在尚处于雏形的时候就接受了徽菜的这种朴实的审美理念，而且这种理念随后很快地被所有的本帮菜经营者，包括被后来的本帮经典菜式的大厨师们所认同了。于是，本帮菜开始结出了第一个核。

锡帮入沪的贡献

本帮菜的成形是一个相当复杂的系统工程，如果说徽菜给萌芽中的本帮特色打上了第一个烙印的话，那么本帮菜风格的下一位重要影响者就是无锡的太湖船菜。

同治登基这一年（1862年），闯荡上海滩的宁波人祝正本和蔡仁兴正是风华正茂的时候，在当时，闯荡上海滩如同改革开放之初的出国留学一样，是一件让年轻人热血沸腾的事。

他们先是在街上摆了个杂货摊，但他们很快就发现，摆个饭摊生意会更好，而且在当时的上海新移民中，来自苏州无锡的人有不少。无巧不成书的是，他们恰好遇上了一个同样来上海滩闯荡的无锡厨师，而离他们的杂货摊不远的弄堂里恰好

也正有一家铺面寻找新租户。于是，一场后来震动上海滩的大戏拉开了帷幕。

开饭馆当然需要一个字号，这个不难，哥俩好的祝正本和蔡仁兴各取了他们名字中的一个字合为"正兴馆"，而饭馆经营的菜肴当然要听那位无锡大厨的。这就奠定了他们最早的风格特色"锡帮菜"。

站在今天的角度来看，这是一个偶然中的必然，因为正兴馆的诞生看起来是无巧不成书，但正兴馆的背后，是那个历史条件下的上海滩美食界怀胎十月的必然结果。而后世成形的本帮菜，是本地风味菜肴和徽帮、锡帮、苏帮、淮扬等诸多江南风味共同孕育出来的一个新生儿。

祝正本和蔡仁兴那会儿的经营思路很简单，那就是"货真价实，选料精细"，他们相信前辈生意人千古不变的训导，那就是君子爱财、取之有道，实实在在地做好一个饭馆本来该做的事，把菜肴做得更好。宁波人本来就有"饭榔头"一说，是否"下饭"当然会被这两位宁波老板天经地义地视为做菜的第一个原则。

那会儿上海滩生意最好的，要数人和馆和泰和馆这样的本地风味菜馆，他们的成功诀窍也很简单：本地口味、价廉物美。这一点正兴馆不用学就会，因为最好卖的菜无非就是当时最流行的肠汤线粉、咸肉豆腐、炒鱼粉皮、炒肉百叶（炒肉也就是我们常说的红烧肉）。但如果只有这些菜式，新面孔正兴馆显然并不占优。

他们必须要拿出属于自己的特色菜肴来，而且同样必须要"价廉物美"，这样才能在市场上站稳脚跟。

相对于当时的上海风味来说，无锡菜显然更甜了一些，但好在锡帮菜有"太湖船菜"的精细底子，相对于当时还很土的本帮乡下风味来说，正兴馆握有一张好牌，但好牌也要看怎么打。

无锡菜的一大特色是河湖鲜。但梁溪脆鳝、脆皮银鱼、红烧甲鱼这样的菜式，不是很好卖，而红烧肚档、青鱼划水（尾巴）、奶汤鲫鱼这样更为亲民实惠的菜式显然更受欢迎。只是需要更为雅致、清淡一些才好。

于是，正兴馆的创始人们不得不对传统的无锡风味进行取舍和改良。梁溪脆鳝这样的菜式还是有必要保留，但要减少黄鳝的采购量；鉴于甲鱼太贵、银鱼难以保鲜，客人不订不做。而红烧青鱼肚档和划水这样的菜式，需要减些甜头、卤汁也要更为红亮和稀薄，这样才更能"上得了台面"，至于奶汤鲫鱼得换个卖相，蛤蜊鲫鱼汤在食客们看来，更为实惠和鲜美；而在这个自我完善的过程中，正兴馆也推出了"红烧圈子"这样的一些响当当的创新看家菜……

不知不觉中，起步之初的正兴馆做了这样几件事：

（一）就是主动自觉地向上海口味靠拢。事实上，当时模糊中的所谓上海口味也正是糅合了徽、锡、苏、扬、甬等相似的江南风味后的一种"中庸"的产物。换言之，上海口味的味道个性必须更有普适性，因为只有更为"广谱"和兼容，才能占有更大的市场！

（二）正兴馆的菜肴风格也为当时的本帮菜馆乃至后来的整套本帮菜系，指出了新的发展方向，那就是后来的"浓油赤酱而不失其味、扒烂脱骨而不失其形"。因为新老上海人都已经开始走向富足和安定，这些舌头越来越"刁蛮"的顾客们需要一种既脱胎于家常实惠菜又比普通的家常实惠菜更为精致的一种新风格。

始创于清同治元年的这家正兴馆在很长的一段时期里，走的是一条以锡帮（也称鳝帮）为主的路数。虽然这一时期的正兴馆的主要菜式还不能算做本帮菜，但它的历史贡献在于，它最早开始意识到要主动把当时风行于上海的本地风味、安徽风味与锡帮风味进行有机整合。而这一家菜馆里也诞生了后来大名鼎鼎的"青鱼秃肺""炒圈子""汤卷"等本帮名菜。

正兴馆在上海滩上火了，但接下来它的麻烦也来了，1905年原本在正兴馆学徒的一个叫做范炳顺的人，在正兴馆的附近也开了一家"正兴馆"。那会儿可没有什么知识产权保护法，老东家虽然气得不行，但也拿他无可奈何，于是只能改名为"老正兴"，以示区别。范炳顺自然不甘示弱，也改名为"真老正兴"……

这是上海餐饮史上最狗血的一段改名闹剧，但这段闹剧却不想恰恰启发了很

始创于清同治年间的老正兴

多打歪主意的人。于是后来上海滩上带着各种前缀后缀的"老正兴"居然有120多家，不过这些都是上海滩上另一段江湖恩怨的闲话了。

有一点需要特别指出的是，虽然市面上一下子冒出来许多家"名不正、言不顺"的"老正兴菜馆"，但他们基本上约定俗成地遵守了一个规矩，那就是在无锡船菜的基础上，向正在形成鲜明特征的本帮菜风格靠拢。他们做的菜基本上都是差

1
——
清末时的高档餐馆

2
——
老正兴招牌

3
——
本帮名菜蟹黄油

不多的、似是而非的"锡帮特色的上海菜"或者"上海特色的无锡菜"。

正是因为各家老正兴的互相厮杀，客观上才导致了锡帮入沪成为本帮菜历史上的一个不容忽视的重大节点，而在这种看似无序的激烈竞争中，各家老正兴也先后诞生了生煸草头、红烧圈子、油爆虾、秃蟹黄油等一批后来响当当的本帮名菜。

本帮菜的主力军

本帮菜能有今天这样的成就，本地厨师的贡献当然是最大的。因为最懂得上海人心思的，就是上海本地人，虽然这个所谓的"本地人"也未必那么地道，他们

的前辈很可能也是郊区农民或者是外地移民。

开埠前的上海，本地菜馆并不太多，它们大多是本地人开设的中小型的餐馆。但到了清光绪年间时（1880年），沪上已经有本地菜馆近200家。这说明在清末年间人口急剧膨胀的上海，本地菜肴相对较受市场欢迎。

当时本地餐馆中比较著名的，先是有人和馆、泰和馆、鸿运来，后来有荣顺馆、一家春、德兴馆。这些本地餐馆主要经营的菜品大致有：红汤（豆腐汤）、血汤（猪血汤）、干切咸肉、炒肉丝、炖腌鲜、红烧鱼、三鲜汤、炒肉百页、肠汤线粉等。

规模较小的餐馆经营方式主要是"山

头菜"（用各种简便熟菜装盆，放在柜台上出售），此外也供应"客饭"（一菜一汤一碗饭）。这些饭菜价廉物美，花不多的钱就可以饱餐一顿，颇受食客欢迎。而规模中等的菜馆一般经营中档炒菜，经营方式以"和菜"为主。"和菜"是本帮餐馆首创，它将冷菜、热炒、大菜与汤菜配成一套，按人数多少供应，价格有二三元到十元不等。这种和菜花样多，同样也比较实惠，在当时的沪上也是十分流行。

上海开埠以来，这种近似于今天快餐的做法，让不少小本经营的餐饮从业者赚得盆满钵满。因为生意实在是太好做了，每到三餐时分，等着吃饭的人总是会把店堂或者铺位挤得满满的。

于是，竞争不可避免地出现了。先是这类的"本帮"餐馆越来越多，毕竟开这样简单的餐馆，技术含量不算太高。这种同质竞争当然会带来许多弊端，但也有一个好处，那就是大家都在"价廉物美"上做文章，家家餐馆都争着夸自己"家常亲切、经济实惠"。

所以早期的上海本帮菜为后世定下了一个重要的原则，那就是"家常化"，那时候，相对比较高档的淮扬菜和粤菜已经进驻了上海，但这种过于精巧的手段在当时的上海并不受待见。

随着上海移民的爆炸式增长，晚清时上海餐饮业的竞争也更趋激烈了，各地不同风味的大型餐馆的陆续进驻，也使得上海的餐饮市场开始一下子丰富了起来，无论是烹饪原料还是烹饪技术，这时候都出现了较大的改变。如果不能拿出更新的菜式、如果菜肴不能做出更好的口味，那这家餐馆就很难在市场上立足了，因为食客们开始慢慢挑剔起来了，他们会用脚来给餐馆的菜肴投票。

本帮菜的经营者们也不得不面对这样的新变化。比如这一时期的糟钵头就从糟卤菜改良成了汤菜，这样不仅糟香更浓郁，而且还更便于厨房生产；比如本地土菜辣酱这会儿变成了"八宝辣酱"，比如红烧青鱼这会儿细化成了"烧白桃"（青鱼头的眼睛部位）、"烧头尾"（把青鱼头和尾巴一起红烧）、"烧肚档"（青鱼中段）和"烧划水"（青鱼尾巴）……

当然，这些都是浅层次的，更深层次的竞争在于餐饮行业的职业化改革从此拉开了序幕。

一个明显事实是这样的，今天的许多百年老店如老人和、老大同、德兴馆、老正兴等，虽然招牌还是那块招牌，但老板大多是换了一茬又一茬的。而一些家族世传的餐馆如荣顺馆、一家春等，他们的生意能不能稳得住，也要看接盘的后世子孙们是不是懂行敬业。

更重要的一点在于厨师的职业化。这一时期虽然夫妻老婆店的格局依然存在，但厨师作为一个职业，也已经开始明显地独立出来，厨师会根据他们手艺的高低不同，而开始像今天的职业运动员一样有了不同的市场身价，这在一定程度上刺激了新菜式的研发。

这是本帮菜历史上的一次重要革命。

本帮菜这个说法，具体起源于什么时候很难考证，但这种说法的出现应该是在上海开埠以后，而且它一开始只是餐馆行业内用来区分"本地"与"外地"风味特征的一种说法。至于我们把它当成一种代表老上海的菜肴体系，那至少已经是民国年间的事了。

但今天的普通人往往是分不清这一点的，他们往往把上海本地的菜肴统统称为"本帮菜"，甚至不管它是什么时候的事。

如果我们把本帮菜比喻为一个人的名字，那么至少得从他降生那会儿才能叫起吧，他在娘胎里孕育的时候，实际上还处于混沌之中呢。只有当这个胎儿足月，并从娘胎里呱呱坠地降生为婴儿以后，他才算是成形吧。

所以，我们应该看到本帮菜在"胎儿"时期有一个相当长的孕育过程，但它的"婴幼儿"直至"青少年"期，很明显就是在清道光年间上海开埠后到清朝末年这段时期。这一时期，本帮菜作为一种菜肴风味体系，已经基本成型了。

这一推断的依据体现下列几个方面：

（一）菜肴风格以家常菜为主，但制作手段上却是职业化的，看似简单的家常菜往往有着许多绝活。

（二）风味特征上融合了江南一带的口味，基本上做到了"江南味道的最大公约数"

（三）以浓油赤酱为代表的烹饪技艺，开始形成一种独特的味觉艺术风格。

花样年华——民国至抗战前后的本帮菜

民国初年上海的"文化背景"

在讲述本帮菜这一最重要的历史时期的具体变故之前，我们先来从总体上梳理一下上海文化从开埠以来到民国初年这一时期的宏观背景。

上海在近代的迅速发展，与所处的吴越文化圈有着重大的联系，无论在经济的意义上还是在文化的意义上都是如此。而吴越文化的特性，就是灵活、多变、敢于怀疑，敢于创新，敢于反叛。在明清两代，江浙是全国文化最为发达的地区，这一区域的整体文化水平，远远超过其他地方。

有清一代，文祸惨酷，江浙文人所受的迫害也最深重，他们迫切需要新的价值观念和思想武器。这种文化状况，使得西方文化一进入，遇到的不是强烈抵抗，而是欣然接纳。

西方有学者指出，两种文化相遇后，会出现何种后果，取决于各自原有的文化基线。而近代上海以及江浙一带的文化基线，则保证了西方文化顺利地进入上海，并与中国文化相交融，产生出一种新型的文化。

晚清时期是中国历史上最为黑暗和专制的时期之一，民众的反抗，包括声势浩大的太平天国和以后的小刀会等，均以失败而告终。戊戌变法虽然是君主体制下的一种改革主张，但是因为它直接表现为朝政的权力斗争，并且实质上可能动摇以慈禧太后为代表的清廷统治，最终也必然地遭到无情的镇压。

在这种情况下，西方列强凭着强权而实施的开埠和租界固然造成了民族的屈辱和不幸，但是它却又在清王朝黑暗与专制的铁幕下，撕开了一个口子，它由自身利益的驱动，在强权之下实施的社会"开放"，实际上是一种事实上的"变法"。

对于近代的上海，它的开放始于它的开埠。租界的建立，则是上海作为现代城市的一个真正的起始。毋庸讳言的是，上海在特定的历史条件下，一定程度上形成了繁荣和发展。上海很快成为近代中国的商业、工业、金融、交通运输中心，同时也孕育着一个新颖的文化中心。

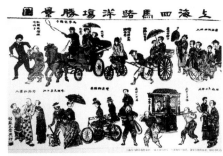

1

2

移民到上海的人，绝大部分都是一无所有的，这就迫使他们积极谋生、白手起家、开拓创业。商业竞争和市场经济给予他们的是严峻冷酷的社会环境，但与此对应的是，社会关系同时也似乎变得相对简单起来，地位、名分不再是决定一切的因素，只有一种现实的评价标准，那就是成功。

上海，既可以让人觉得这里的生存竞争非常残酷，又可能使人感到，这里较之于中国的任何其他地方，都显得相对公正，比较简单一些，因而这里给予人们的主动进取机会，也比中国的其他任何地方都要多一些。这些为"上海人"注入了一种强烈的意识：上海是一个十分现实的城市，一切都必须自主进取。

上海的这种相对开放的政治氛围和相对自由的社会风气，自然地吸引了从文化精英到青年学生的各种各样的文化人士。

在中国近现代的文学、艺术以及思想文化史上，凡稍有名望者，几乎无不在上海居住过，同时他们在各个领域所作出的杰出贡献，也为上海地区的文化奠定了厚实的基础，上海的文化性格也因此得到了丰富与发展。

这就是上海的总体文化背景，这种文化背景孕育并催生出了一个全新的上海。到1937年淞沪抗战之前，上海在工业、商业、金融、交通、城建等各个环节上都走到了全国的前列，同时，在文学、电影、戏剧、音乐、绘画、舞蹈、新闻、出版等各个文化领域，上海也全都当之无愧地成为了全国的龙头老大。

这种宏观的文化背景润物细无声地改变着上海的一切。当然，这种文化土壤也在不知不觉中孕育和催生了本帮菜。

本帮菜的"市肆之功"

本帮菜有许多经典名菜，如果从时间的坐标上来看，它们有这样几个规律：

（一）它们几乎全部集中地诞生（或定型）于1920年代－1940年代。

（二）它们几乎全部集中地诞生在几家著名的本帮菜馆中。

（三）老百姓眼里的本帮菜馆，其菜谱基本上都有这些经典菜。

这难道是一种偶然的巧合吗？

与其他餐饮流派的发展所不同的是，本帮菜的发展史上，著名餐馆的功劳是不可忽视的。

说起本帮菜中的座次，业内常有"荣顺馆的禽类、德兴馆的干货、老正兴的河鲜、同泰祥的糟货"的说法，这4家菜馆的具体情况简述如下：

荣顺馆代表了最地道的本地风味，与荣顺馆同类的还有老人和、一家春、泰和馆等，它们以本地农家菜起家，各自在市场竞争中发挥出了自身的特色。主要成型或定型于此的著名菜式有八宝鸭、八宝辣酱、鸡骨酱、汤卷、咸肉百叶、肠汤线粉等。这是本帮菜中的"江湖派"。

德兴馆号称"本帮菜大本营"，以李林根、杨和生为首的一批优秀厨师率先走出了"精致化"的路线，主要成型或定型于此的著名菜式有：白切肉、糟钵头、鸡圈肉、腌笃鲜、扣三丝、虾籽大乌参等。它的崛起奠定了本帮菜"学院派"的地位。

而争来斗去的诸多老正兴本是无锡鳝帮，这是本帮菜中的搅局的"鲶鱼"。主要成型或定型于此的著名菜式有：油爆虾、青鱼秃肺、红烧划水、油酱毛蟹、炒蟹黄油、红烧圈子等。正是由于当年的老正兴之争，才促使本帮菜最终走向统一的风格。

同泰祥则以"糟"字特色成为本帮名馆中的一大另类，它继承了老大同的衣钵，将"糟货"这一特色风味发挥到了极致，这也为本帮菜在"味"的追求上开辟了一个全新的天地。主要成型或定型于此的著名菜式有：砂锅大鱼头、糟鸡、糟肚、糟猪爪、糟扣肉、糟煎青鱼等。

当时上海为数众多的本帮菜餐馆，差不多以这4家为代表，但这并不意味着他们各自关起门来，只做自己的拿手菜肴。事实上，上述菜肴在任何一家本帮餐馆里都能见到，谁家做出了一道被市场广泛认可的好菜，马上就会被同行私下抄袭模仿，挖角等竞争现象比比皆是。这是一种近乎于"同质化"的竞争，而这种看上去有点乱糟糟的无序竞争，却又在不知不觉中催生出了一大批风格极其相似的菜肴，并共同孕育出了一种属于那个年代的"老上海"的餐饮特色。

从菜肴体系上来说，本帮菜的菜品虽然名目繁多，但它们在成型之初，往往都有着一个共同的价值取向，那就是"精致版的家常菜"。

这是因为首先，很长一段历史时期以来，上海一直都是一个移民城市，外来人口较多，而这些以江浙移民为主的外地人融入当地文化最为直接的方式，就是饮食习惯上的融合。于是，餐馆就成了这种"文化黏合剂"的最佳载体。

其次，从风味特色上来说，本帮菜虽说源自上海本地，但其主要风味特色的形成，实际上反映了各家餐馆背后所代表的各种餐饮文化的竞争与融合，而逐渐定型的本帮风味，实际上是在当时餐饮市场竞争中筛选下来的风味特色上的"最大公约数"。这就是为什么本帮菜会成为这座城市"味道上的集体记忆"的原因。

再次，本帮菜中的经典菜式虽然大多以"下饭小菜"为主，但这些具有江南风味特征的菜肴要想在上海赢得一席之地，必然需要在菜肴特色上狠下功夫。而这种厨艺上的精细研究不是一般的家庭所能做到的，它们往往在制作工艺上有鲜为人知的许多小秘密。这些"一招鲜"的厨房绝招往往成了当时各家名餐馆的秘密武器。

所以，研究本帮菜，必须要研究本帮菜的这些名餐馆的历史，必须要研究这些名餐馆当时所处的时代背景和竞争环境，只有这样才能深入了解本帮菜的技法特征。

餐饮江湖其实只是上海文化的一个缩影，从更宏观的层面上来看，海派文化从来就不讲什么资历、山头，它只讲究实用，这种多少有些"功利主义"的精明，有点像武侠小说里所说的"无招胜有招"。

这是一种难以名状的文化现象。表面上来看，这种势利、冷漠、钻营和无情的确改变了许多原有的质朴、温情、忍让、包容与和谐，但撇开道德意义来看，恰恰是这种冷酷无情的竞争，成了死水一潭的旧中国里推动历史进步的有力杠杆。

不管你是不是喜欢，上海的崛起就是建立在这样的一种一言难尽的文化品格之上。

具体到餐饮业来说，只有在当年的上海，才有可能诞生这样的一批餐馆，而正是因为有了这样的一批拥有独特地域文化的餐馆，才造就了这样一批带有鲜明上海特色的本帮风味：

它的功利决定了它必须是亲民的、市井的、讲求实惠的；

它的精明决定了它必须是细腻的、内敛的、暗藏窍门的。

总而言之，本帮菜的内核很清楚，那就是——

"简约"而不"简单"，"洋气"而不"洋盘"。

这就是所谓的"市肆之功"。

本帮经典菜的深层背景

作为本帮菜历史的简述，我们不想在这里就每一道经典菜的来历一一举例说明，但我们可以从菜系发展史的角度来进行一个归纳总结。

我们需要面对这样一个问题，那就是为什么本帮经典名菜如此集中地诞生在民

1

2

国年间呢?

首先,本帮菜烹饪审美理念到这一时期才走向成熟。

比如,红烧类的菜式在上海本帮菜中有很多,以至于今天的上海人往往还会下意识地用"烧菜"来泛指所有的烹饪加工过程。其实红烧这种烹饪技法并非上海人首创,但无论是老板还是厨师都会自然而然地发现,这种做法的菜肴相对会比较容易入味,而且这种红艳艳的色泽又特别容易勾人食欲,在下饭和实惠的原则下,红烧这种烹饪技法就成了各大餐馆的最佳选择。

又比如,本帮菜中很多菜式的味型都是咸中微甜的,这也是一种成熟的烹饪理念。

其次,餐饮行业管理走向了全面职业化。

随着餐饮市场的红火与竞争,每一个开餐馆的老板第一件要做的事,就是请来"对的"厨师,当然代价可以出高一点。

当餐饮市场的全面职业化成为一种不成文的行规时,厨师的创造积极性就会被极大地调动起来,新菜、好菜层出不穷,也就是顺理成章的事了。

再次,上海普通食客的集体认同也是关键。

比如,八宝鸭就是这样的一道菜。荣顺馆是上海当时比较著名的一家本帮餐馆,但某位老顾客有一天提出,新开的一家苏州菜馆大鸿运的八宝鸡很好吃,你们能不能也做出来。于是荣顺馆当然不敢怠慢,他们从大鸿运楼买来八宝鸡进行仿制。很快他们发现,八宝鸡有很多设计缺点,比如需要拆骨,而拆了骨以后,八宝料又容易露馅,于是,为了稳定住这位VIP客户,他们最终研究出了全新的八宝鸭,这道菜此后迅速成了荣顺

1
油爆虾上菜必须快

2
石库门是上海20世纪二三十年代融汇中西文化的新型建筑

馆的招牌菜。

类似的例子还有油爆虾、青鱼秃肺、虾籽大乌参等等。

此外，考量民国时期上海餐饮文化的繁荣，还有一个标志，就是行业组织的规范和会员数量增多。那个年代上海餐饮业同业组织有两部分组成，一是上海市包饭业同业公会；二是上海市酒菜商业同业公会。1930年代，上海市包饭业同业公会有会员315家，而上海市酒菜商业同业公会也只有300家。但是，到了1946—1948年这一时期，上海市包饭业同业公会不见踪影，另组了上海市厨房商业同业公会，会员数也只有300余家，而上海市酒菜商业同业公会会员，却发展到了700多家。这一数量变化，标志着上海城市餐饮文化的繁荣，也标志着上海城市迈向近代化的坚定步伐。

1
江南自古为黄酒之乡，酒多了，酒糟也自然多

2
一方水土养一方人，莲藕的做法有很多种

3
黄昏的召稼楼

34

百川入海——1949年5月后本帮菜的发展

1949年5月后的上海餐饮业概述

1949年春，中国人民解放军百万雄师渡过长江，以雷霆万钧之力压境江南，国民党军队一触即溃，如摧枯拉朽一般，1949年5月27日，上海解放。

上海解放后，饮食业发生了根本变化。人民当家作主了，社会渣滓、地痞流氓、不法分子受到打击，娼妓、舞女、交际花、白相人被取缔。银行、洋行、官僚买办资本收归国有。饮食业原来的服务对象，从城市中产阶层回归到劳动人民，由于劳动人民还没有达到一定的消费水平，因此，一度出现生意清淡，一些小企业比如茶楼、厨房等关门歇业。

此后的上海餐饮业，出现了萧条景象。

1950年2月6日，美蒋飞机轰炸上海，人心浮动。上海南京路上的金门饭店、燕云楼等一些老板携带厨师逃往香港，新雅、杏花楼、万利、大利、大鸿运等一些大饭店被迫开展生产自救，以克服困难、摆脱困境。

三反五反运动，使餐馆老板更无心经营，饮食行业进一步萧条。南京路上东亚饭店、大东饭店、新都饭店、大西洋、大中华咖啡馆、万寿山酒楼等一些大饭店相继歇业，职工另谋出路。1953年，随着社会主义经济建设新发展，市民们的生活与消费水平有了普遍提高，上海饮食业有了新的进展，资方和职工都发挥经营积极性。大店放下架子，降低起售点，增加花色品种，小店增加市头，延长营业时间，饮食业生意渐渐兴隆。

1955年下半年，国家对私营企业进行社会主义改造，位于福州路的本帮菜馆德源馆等15户先行公私合营，取得经验，全面推广。1956年1月1日，上海全市所有的工商企业统一挂牌进行公私合营。

1958年，上海商业调网，餐饮业迁往郊区和兄弟省市，四明状元楼、复兴楼迁往宝山，大上海老正兴、聚商老正兴迁往闵行，德盛居迁往安庆，悦宾楼迁往兰州，东亚饭店迁往西安，大利酒店迁往洛阳……

三年经济困难时期，餐饮业原料奇

1

上海公私合营

2

"文革"前的上海街头

缺，连蔬菜也只有冬瓜、卷心菜、胡萝卜。鸡、鸭、鱼、肉、蛋全部限量配给供应，粮食制品全部凭票供应。当吃饭本身成了问题的时候，美食就是奢望了。

1958年，上海市以及下辖各区相继成立饮食服务公司，从这时起上海开始以政府组织的形式招收上海菜的学徒，当时的上海风味中包括已经定型的海派淮扬菜、海派川菜、新派粤菜、海派西餐等，而本帮风味无疑占据了最大的份额。

到20世纪60年代前，上海餐饮业已经全部完成了私有企业的社会主义改造。原来的老板变成了"资方代表"，他们和所有的员工一样，吃起了"大锅饭"。

进入1960年代后，上海又逐渐兴办起一批商业学校和饮食服务技术学校，这

些烹饪技校一般采取了半工半读的教学方式，每周3天上课，3天在餐馆里实习，实际上中华人民共和国成立后的这一批学员就是各家餐馆里有理论基础的学徒，他们后来大多已成了本帮菜厨师队伍中的"老法师"。

在饮服公司和烹饪技工学校的带动下，本来隶属于各家餐饮的名厨，成了学校里的老师，这就打破了门户壁垒，本帮菜的烹饪技艺在这一历史时期得到了充分的交流，而20世纪七八十年代的许多本帮名厨如上海老饭店名厨杨玉英等后来成了各家本帮餐馆的技术骨干。这些烹饪技工学校为了整理教材，也在客观上为当时的烹饪技艺进行了理论总结。从本帮菜传统烹饪技艺的传承上来说，这是一个巨大的

20世纪80年代的上海厨师

进步。

"文革"中，本帮菜馆难逃厄运，大多被改造为"工农兵饭店"，只能卖大众饭菜，按当时的流行说法是"3分钱的咸菜汤也要烧出无产阶级感情来"。

"文革"后期的1972年，上海逐渐发现"工农兵饭店"和"大众食堂"这样餐饮格局毕竟不符合上海这种大城市的需求。于是各区开始谨慎地成立了一种"实验饭店"。所谓的"实验饭店"其实就是"文革"那个特殊年代餐饮业的一块"特区"，在这里是允许搞一点纯粹的烹饪技术的。与此同时，当时的"721大学"的学员也有一块是学习本帮菜烹饪技术的，这就形成了事实上的本帮菜技艺的传承基地。

改革开放前，本帮菜毕竟完成了一件以往历史上它所不可能完成的任务，那就是此前各家视为秘密的厨艺绝活，在"饮食服务公司"和"烹饪技工学校"的各种比武、展示、交流、教学和书籍汇编中真正得到了无条件的交流与融合。

本帮菜传统烹饪技艺经过若干次的整合以后，更加科学规范，尽管这种总结仅限于餐饮行业内部，但不管怎么说，"本帮菜"由此在中华美食林中正式成为了一种门类齐全的菜系。

1978年，中国开始全面改革开放。

在"对外开放、对内搞活"的方针政策下，上海餐饮企业扩大自主经营权、财权、人事管理权，实行经理负责制、经营承包责任制。其中关于收入分配方式的改

上海老饭店大堂

革实行了提成工资制和拆账工资制，这就极大地激发了员工的生产积极性。餐饮企业除恢复经营传统的酒菜饭、点心等品种外，还发展了音乐茶座、舞厅、酒吧等服务项目，创办烹饪实业公司、中外合资企业及国内外劳务输出业务等，服务质量、菜点质量、卫生质量有了很大提高。

从1980年代起，由于当时上海开始重视招商引资工作，许多传统老字号的餐饮企业在政府的支持下开始重振旗鼓。德兴馆、老正兴、同泰祥、上海老饭店等多家老字号餐饮企业也开始重新走上正轨。

进入1990年代后，市场机制各项法律法规还不完善的不足之处开始显露出来，当时全国都出现了假冒伪劣现象，以次充好、减工减料的现象也开始在餐饮市场上出现。上海的餐饮市场出现了两极分化的现象，一部分适应了新形势的现代餐饮企业得以迅速发展，而靠传统手艺的许多本

帮老字号餐馆则因为各种原因，纷纷关停转闭，本帮菜餐饮企业出现了一定程度的生存危机。

本帮菜的尴尬

随着《舌尖上的中国》第二季的播出，人们也从本帮泰斗李伯荣一家的命运变化中重新认识了上海本帮菜。

但现在的问题是，当人们终于认同了本帮菜就是上海这座城市味道上的方言的时候，本帮菜事实上已经处于需要保护和抢救的地步了。

本帮菜的这种尴尬的处境表现在如下几个方面：

（一）本帮菜已经的确形成了一套独特的菜肴审美理念和一整套经典菜品，这种独特的风味特征已经构成了这座城市

味道上的一种集体记忆。换句话说，本帮菜及其背后的相关传统烹饪技艺已经成为"老上海"的一个有机组成部分了。但这一共识却来得太晚，许多本帮餐饮企业已经关停并转，传承本帮传统烹饪技艺的人才也大幅凋零。

（二）本帮菜的风味特征的相对成形，是1930年代的事。但时间又过去80年多了，本帮菜的经典菜式此后并没有像它在20世纪二三十年代那样得到进一步的发扬光大，相反却近乎于停滞了将近80年，以至于我们今天提起本帮菜来，主要的调子不得不以"怀旧"为主。

（三）本帮菜的烹饪技法和文化背景的总结和梳理虽然一直在进行中，但却一直缺乏一个整套学术高度上的权威总结体系，学术上的高度缺失和普及工作的相对不足，使得民间真正热爱本帮菜的个人和餐饮企业未能得到正确的技术指导。这是它在今天未能得到有效推广的重要原因。

（四）在如今的现实条件下，本帮菜餐饮企业还没有找到一个全新的"活法"，这就不单单是餐饮圈子的事了，它有一个大背景的问题。但现在的问题是：本帮菜的存活和发展是需要一块新土壤的，没有了这样的土壤，本帮菜就失去了自然存活下去的内在生命力。

万卷归宗——老饭店的前世今生

2014年11月，上海本帮菜肴传统烹饪技艺被列入国家级非物质文化遗产代表性项目名录，这项非遗的保护单位是上海老饭店。

上海曾经有成千上万的本帮餐馆，仅其中的著名者就有德兴馆、老正兴、老饭店、同泰祥等多家，为什么这项保护工作最终落实到上海老饭店身上呢？这就要简单回顾一下上海老饭店的前世今生。

上海老饭店简史

上海老饭店的前身可追溯到创建于清光绪元年（1875年）的荣顺馆，上海老饭店作为本帮菜的开创者,成立至今已有140年的历史。荣顺馆开创之初，店堂狭小。前为店堂，后为灶间，厨房内只装两只炉子四只眼，即旧式两眼炮台炉灶。店内无法摆开3张八仙桌，其中一张只能靠壁而摆，而成为人们所称的"两张半台子"。台子周围配上是一条双人板凳，同时可供22人就餐。开设荣顺馆的是一个叫张焕英

的川沙人。张焕英自己掌勺，老婆杜氏，小名叫杜阿大，夫妻两人请了两个亲戚相帮，做些辅助工作，端端饭菜。

张焕英大约生于1855年，从小在农村务农，12岁时，经人介绍来到上海城内一家包饭作"学生意"。3年满师后，他又在该作坊工作了5年，掌握了经营饭店的技能。20岁那年，他集资租用了旧校场路11号一楼一底砖瓦房，开设了荣顺馆。由于张焕英自己会烹饪，且技艺高超，远近食客纷至沓来。

旧校场路现在属于豫园地区，热闹的地段，那个年代它也是城内热闹的市口。城内会馆公所集中，有钱业总公所晴雪堂、布业公所绮藻堂、药业公所和义堂、肉庄业公所香雪堂、油豆饼公所萃秀堂……各路生意人都在此聚集，其中不乏达官贵人、富商巨贾、社会名流、文人雅士，也有拉人力车的、挑担做小买卖的。日复一日，荣顺馆生意越做越大，1880年以后，扩大了门面，桌子增加到6张，又增加了3个人手。

正当荣顺馆如日中天之时，张焕英

晚清上海地图

因积劳成疾，英年早逝，那年他仅45岁。张焕英有一女，叫张德英；另有一子张晓亭。张晓亭是张杜氏的侄儿，被张焕英认作儿子。张晓亭和张杜氏在这一时刻，挑起了这个已经有25年历史的荣顺馆。1900年时，荣顺馆雇用职工增至7人，跑堂（服务员）2人、煤炉（烹饪）2人、砧墩（切配）1人、账台1人、烧饭1人，另有学徒1人。

辛亥革命前后，由于租界渐渐发展，城内各个行业商业重心北移，张杜氏和张晓亭察觉到这一历史机遇，在继续经营荣顺馆的同时，在法大马路（今金陵东路），近今福建南路处开设新荣顺馆。顾客都知道荣顺馆，就将旧校场路的荣顺馆，称之为老荣顺馆，称法大马路的荣顺馆叫新荣顺馆。法大马路的新荣顺馆生意也很好，于是，在1915年，张杜氏和张晓亭在四马路（今福州路），也是近福建路，再开设一家菜馆，叫德源馆。那年，英法租界中间的洋泾浜已经填埋，成为爱多亚路，爱多亚路即今延安东路，此时两店之间只要穿过马路，稍走几步就能到达彼此店堂。两家店生意依然红火。再说老荣顺馆那时已经发展到2层楼面，雇工增加到9人。虽说供应家常菜，但是品种增至四五十种，光是"便盆菜"就有10多种，除老顾客外，新顾客，船主、文艺界演职人员也经常光顾。

可不幸的事情再度发生，1923年春，张晓亭与张焕英一样，英年早逝，留下孤儿寡母。张晓亭有3次婚姻，原配包氏，因病身故后，1912年张晓亭娶了周氏，因周氏不育，故再娶了叶氏，叶氏育有一儿，叫鼎荣。这个鼎荣是不是后来接掌"德源馆"的张顺德有待认证。因为张晓亭去世后，张杜氏否定叶氏与张晓亭的婚姻事实，叶氏向法租界当局递交诉状，打了很长一段时间的官司。打官司消息在《申报》刊登，正因为有了这些消息，才使现在人们研究老饭店历史有了第一手的材料。

1931年，日军挑起"一·二八"事变，法租界的繁华地带渐渐向西移，法大马路（金陵东路）荣顺馆的生意随之萧条，但是，在当局号召的航空募捐中，荣顺馆几乎每次都有捐献的数据。1937年，"八一三"淞沪抗战爆发，新老两家荣顺馆和德源馆生意清淡。张杜氏决定关闭荣顺馆，保留德源馆。关闭容易，但是职工生活成了问题。老职工维持生活，经向张杜氏协商，张杜氏出资500元，由瞿森源、黄坤兴、陆子安、鲁福根、鲁根桥等5位老职工各凑20元，合为100元，共计600元作为流动资金，恢复老荣顺馆继续营业。法大马路的新荣顺馆在1938年关闭，成为历史的符号。

瞿森源、黄坤兴等职工在市面萧条的情况下，还是坚持质量，坚持薄利多销，恢复信誉，除原有顾客外，附近的绅士，以及逃至城外回城探亲的有钱人家成了主顾。由于顾客对象的变化，家常菜肴虽保质保量，已不适应顾客的要求，以黄坤兴为主的厨师们，除不断创新品种外，还吸收改进其他各帮的名菜，移植他店的名菜，改进烹饪方法，独创了许多具有本帮特色的老荣顺馆的名菜。比如：

八宝辣酱。八宝辣酱源于东记老正兴饭馆，原菜烹饪后呈汤状，并无酱感，而且味散。老饭店改为起油锅干烧，适当勾芡，并根据本帮口味改进主辅料，色、香、味别具一格。

八宝鸭。八宝鸭源于宁帮鸿运楼饭馆，原菜烹饪后呈汤菜，其中糯米、栗子、莲子的"香""糯"特点不易发挥。老饭店从"粽子为什么比糯米饭好吃"这一道理中得到启发，变汤烧为干蒸，并严格选用良乡栗子，湘莲子等优质原料。经勾芡，香气密封不走散，开筷时，香气四溢，糯滑可口，使人闻味而流涎。

椒盐排骨。椒盐排骨原是家常菜，用鸡蛋挂糊，老饭店改用酱油、酒、味精，加适量淀粉挂糊，严格掌握火候，八成热，一次成熟，皮脆、肉嫩、香气扑鼻。

鱼类。烹制各种鱼类，除酒等调味品外，一般用小葱吊香去腥。由于当时高档顾客视葱为低档品而忌之，但又爱葱之香味，要适合顾客需要，势必留葱香而弃

具有江南特色的传统瓦房

葱。所以老饭店鱼类菜一般是有葱味而不见葱的。

另外，"青鱼秃肺""鸡骨酱""糟钵斗"等均系这一时期老荣顺馆创制的名菜，为上海滩本帮菜负有盛名奠定了基础。

1945年抗战胜利后，老荣顺馆底楼20多平方米的店堂，已无法满足顾客的需求，因此对楼面进行了扩充利用，职工增至19人。由于老荣顺馆的菜肴自有特色，且已形成了传统，经营方针也坚持薄利多销，选料考究，操作认真为原则，使老荣顺馆久盛而不衰。

1949年5月后，"老荣顺馆"重新登记营业执照，张杜氏认为张焕英无子，决定将外孙张德福立为孙子。张德福，1945年大夏大学法学院经济系肄业，此时，他正在南汇县立敦仁小学从事教育工作，遂放弃教职，入老荣顺馆担任经理。

1956年之后，老荣顺馆公私合营，属商业二局饮食服务公司领导。张德福担任副经理兼资方代表。福州路德源馆因市政交通之故而拆建，后来改名天津馆。

1965年（一说是1964年），老荣顺馆迁至城隍庙西侧的福佑路242号，三开间门面，上下2层。那时，这家已经营了90年的荣顺馆正式更名为"上海老饭店"，专门烹制江南的鱼、虾、蟹、鳝等河鲜及上海四季时令菜肴以及原有的本帮特色菜。

墨鱼大烧，老卤会越用越醇厚

1978年12月，上海老饭店迁入福佑路校场路拐角处的一栋6层火柴盒式楼房的底楼和2楼营业，营业面积增至1500平方米。3楼以上便是居民的住宅，充溢着人间烟火味，百年老店包裹在这种浓郁的市井氛围中，滋润依旧，生意好得很。1982年张德福正式退休。

上海老饭店的"学院派血统"

上海老饭店最终成为本帮菜大本营，是改革开放后上海餐饮业格局变化的一个客观结果。

在本帮菜历史上，曾有过德兴馆、老正兴、老饭店、同泰祥四大名店之说，而这其中德兴馆被后世公认为"本帮菜的大本营"。这是由于德兴馆长期以来一直相对比较重视烹饪技术与厨房管理的总结与创新。德兴馆的兴旺当然有很多具体的原因，但菜肴质量稳定是其中最重要的因素之一，这与那里的"把作"（厨师长）李林根与"头灶"杨和生是密不可分的，要知道厨房里的江湖一向是一山容不得二虎的，但德兴馆不仅一山容了二虎，而且他们看来配合得还不错，本帮菜历史上的一个可以佐证的事实是，德兴馆不仅拥有一整套口碑不错的菜品，而且那里创制出了"虾籽大乌参"这样响当当的名菜。

这两位当年的本帮高手为德兴馆作出的最大贡献，当数一整套"市肆菜"管理流程，而这些鲜为人知的厨房管理秘密，

"烧一道小菜"并不简单

最终为德兴馆乃至整个本帮菜系的规范化、正规化，立下了汗马功劳。

德兴馆的功劳簿上，第一个值得记上的，便是"立规矩"，这是德兴馆"学院派"的立身之本。

德兴馆最早把本帮菜中广受市场欢迎的菜式进行了工艺流程的推敲和梳理。半成品如何处理和保管？成品菜肴应当具有什么样的出品标准？操作手法如何简捷有效……因为每道菜肴的每一个操作步骤德兴馆都能够说清楚"为什么"，这就使得原来莫衷一是的各种"江湖派"有了一个相对经得起推敲的"规范"操作手法。所以20世纪50年代上海成立烹饪技工学校时，便自然而然地引用德兴馆的规矩来作为范本。这就是德兴馆被称为"学院派"的由来。

德兴馆的功劳簿上，第二个值得记上的，便是"大兑汁"，这是"市肆菜"区别于"公馆菜"或"私房菜"的最重要的特色。

每一道菜往往都有一个绝佳的调味比例，比如油爆虾、八宝辣酱、糟钵头等菜式的卤汁或底汤，往往这一调味过程也就决定了菜肴的质量。一般"江湖派"的餐馆都是靠师傅的烹饪经验来临场发挥，而手艺还差一口气的小徒弟们往往就做不好，这样厨房里就免不了常常充满了呵斥和埋怨。而老到一些的餐馆往往会请最有经验的老师傅预先将相应的汁水调好，这就是所谓的"大兑汁"。这样厨师在日常工作中只要把握好主料和配料的火候，就能使菜肴的质量始终保持在一个相对固定的水平上。而这种味道慢慢地会在老顾客中形成一种味道上的记忆，他们往往会奔着这种熟悉的味道来做"回头客"。

大兑汁这种管理手法很难说是哪一家餐馆发明的，但是可以肯定的是，德兴馆是贯彻执行得最坚决的，这与当初李林根、杨和生的职业眼光是分不开的。

德兴馆的功劳簿上，第三个值得记上的，便是"留老卤"。这是德兴馆在众多本帮餐馆中棋高一招的最重要的一手。

德兴馆每天要加工很多肉类，这些猪肉往往需要经过焯水，一般的处理办法是

需要焯水的时候就焯个水，但德兴馆是集中焯水，第一次焯水的锅往往含有很多杂质，这时不要焯透，血沫出来后，换到第二口锅中去再煮一下，而第二口煮肉的锅是只加水不换汤的，这样长年积累下来，德兴馆就有了一锅醇厚无比的肉清汤。

每天都会有很多红烧肉、走油蹄髈等菜式，而每次烧制时，都在同一口卤锅中焖烧，只需要根据情况加水加调料，这样这锅底汤就成了"老汤"。像生煸草头这样的菜式，炒菜时，只要加上这样的一勺"炒肉老汤"，味道比单纯的加酱油显然要更为醇厚鲜美。

熏鱼有浸鱼块的老汤、葱油鲳鱼有浸鲳鱼的老汤、白斩鸡有浸三黄鸡的老汤……

总而言之，厨房里一切可以往复循环利用的，一律都循环起来，这样味道就一天天地增厚，德兴馆的厨房管理某种程度上实现了半成品管理的循环化和原料使用的价值最大化。成本更低了，但味道却更好了。这种类似于农技学中"生态养殖"的厨房管理术，成为后世本帮菜技艺的一大看不见的法宝。

在经历了公私合营、"文革"、改革开放等诸多变迁以后，本帮菜的格局已经发生了许多重大变化。德兴馆后来并入上海老饭店的管理体系下，事实上，德兴馆与上海老饭店是两块牌子，一套班子，而德兴馆当年的许多管理经验和厨艺绝活都已汇入了上海老饭店。

本帮风味的神韵背后，暗藏着许多厨艺绝招

这就不得不提一个重要人物，那就是今天被公认为"本帮菜泰斗"的李伯荣。

本帮泰斗李伯荣

李伯荣是三林塘人，这里自古就是上海郊区的厨艺之乡，他的父亲就是当年德兴馆的当家"把作"（厨师长）李林根，这是本帮菜学院派的一个重要代表人物，而李伯荣的授业恩师则是德兴馆当年的"头灶"杨和生。还有一点，李伯荣的祖父李华春是清末时期三林塘这个厨艺之乡的著名厨师，也就是说，到李伯荣这里，他已经自然而然地汇聚了本帮菜"学院派"与"江湖派"这两派之长。

1949年5月上海解放，已经在德兴馆"学生意"多年的李伯荣这一年刚满18岁，他父亲李林根让他拜师德兴馆头灶杨和生，正式上灶。

上海解放后，随着饮食服务公司和烹饪技工学校的陆续成立，上海亟须一批能讲也会做的厨师走上讲台，这时"学历"相对较高且又出身于德兴馆的李伯荣当然就成了香饽饽。

更重要的是，解放前各家本帮餐馆都是有各自的老板的，同行之间也因为各种原因要防着别人偷师学艺，但解放以后，"各为其主"的现象不存在了，于是在各种书籍整理、技术比武和厨艺交流中，善于学习的李伯荣也从其他餐馆的厨师身上学到了许多德兴馆学不到的本事，这就为

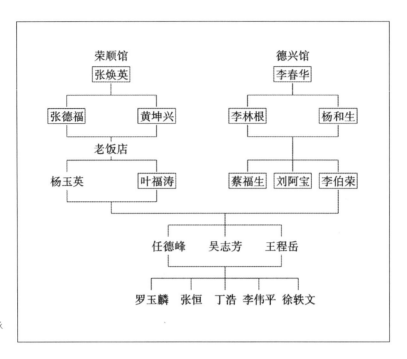

荣顺馆　　　　　　　德兴馆
张焕英　　　　　　　李春华

张德福　黄坤兴　　　李林根　杨和生

老饭店

杨玉英　叶福涛　　　蔡福生　刘阿宝　李伯荣

任德峰　吴志芳　王程岳

罗玉麟　张恒　丁浩　李伟平　徐轶文

上海老饭店本帮菜的传承
体系

后来他在技术上集本帮技法之大成打下了坚实的基础。

"文革"期间，上海许多著名餐馆都被改造为"大众食堂""劳动饭店"这样的格局了。改革开放以后，对外开放的新形势，当然会增加外事接待任务的担子，这就迫使上海餐饮业的经营格局"再上新台阶"。于是经验丰富的李伯荣自然就成了救火队员，他先是于1983年从德兴馆调到刚改造的绿波廊酒楼做经理，绿波廊上了台阶之后，又被一纸调令调入上海老饭店。

李伯荣调到上海老饭店任经理时，上海老饭店的经营状况正处于一个困难时期，长年"大锅饭"的弊端已经在这家老字号本帮餐馆中积攒了很久。

李伯荣当然是首先从厨房管理抓起的，当时的上海老饭店有杨玉英、黄志连、刘阿宝等本帮名厨在，而且他们也正处于经验和体力最好的时期，这当然是件好事，但难处在于如何处理各种复杂的厨房江湖关系。

李伯荣显然抓住了当时上海改革开放的历史机遇，在他的带领下，上海老饭店率先推出了扣三丝的新标准，那就是一改之前的用碗扣蒸的堆叠方式，改用一种底部钻孔的杯子，这样新的扣三丝就可以堆得更加细而高。此外，这家饭店的传统特色八宝鸭、八宝辣酱等名菜的水准也更上层楼，而德兴馆的糟钵头、虾籽大乌参等名菜也在这家老字号得到了新生。

1991年李伯荣退休以后，任德峰任上海老饭店总经理，而李伯荣则作为技术顾问继续留任，在这一荣誉职位上，他一直干到81岁。这期间原本就是烹饪技校老师的他也影响了任德峰、吴志芳、王程岳等一批本帮菜传人，上海老饭店这家老字号的菜肴质量体系也因此越来越稳定。

李伯荣退休后这20年，是本帮餐饮企业最为困难的一段历史时期，因为体制、机制和市场等诸多原因，许多本帮菜名馆在这一时期都遭到了沉重的打击：德兴馆因经营不佳并入上海老饭店管理体系，曾经一度热热闹闹的老正兴最后只剩下了一家，同泰祥因各种原因在多次迁址后关门歇业……

在诸多经营本帮菜的老字号中，上海老饭店一枝独秀，这与李伯荣、任德峰师徒的努力是分不开的，一方面，上海老饭店位于城隍庙黄金地段，这是上海旅游的黄金地段，而菜肴质量一直保持稳定的上海老饭店因为外地游客与本地怀旧食客这两类稳定客源得以在生存下来；另一方面，上海老饭店的厨师队伍比较特殊，他们基本上都或多或少地师承于李伯荣这一支，只要李伯荣还在这里，这里就会有一种类似于家族式的集体荣誉感存在，这种超越金钱和价值观和精神家园感也客观上为厨师队伍的稳定起到了一定的作用。

总而言之，从2009年上海市把"本帮菜传统烹饪技艺"作为一项非物质文化遗产来进行评估的时候，上海老饭店就成了为数不多的具备传承资格的候选单位。

本帮名菜的
—— "厨艺秘诀" ——

本帮经典名菜是历经数代名厨在长期的生产实践中逐渐总结出来的。
这些经典名菜共同构成了特色鲜明的"本帮"风味。

借这次本帮菜成功列入国家级非物质文化遗产代表性项目名录的机会,
本章把本帮经典菜的厨艺进行一个"正本清源"的梳理。

（注：本章所涉及的本帮名菜均由"本帮传统烹饪技艺"保护单位，即上海老饭店提供）

Culinary Tips of Famous Dishes
—— in Shanghai Cuisine ——

The famous dishes in Shanghai Cuisine are gradually summed up in long-term
practices. They have formed a distinctive Shanghai flavor altogether.

As Shanghai Cuisine has been included
in National Intangible Cultural Heritage items, its unique history and famous dishes
will be specifically elaborated in this chapter.

(All the instructions of dishes mentioned in this chapter are offered by Shanghai Classic Hotel.)

冷菜菜式

一、本帮熏鱼

（一）菜谱

1. 将青鱼切成瓦片块，用葱姜汁、绍酒、少许盐和胡椒粉腌渍入味，沥干。

2. 炒锅内下大量花生油，烧至八成油温时，下鱼块，炸至鱼块表面结壳发硬时出锅。

3. 与此同时，另起炒锅，将酱油、白糖、八角、桂皮、葱结、姜片、肉清汤等熬成稍稠的卤汁。

4. 将炸好的鱼块放入热卤汁中浸泡入味后装盘。

（二）要诀

1. 青鱼的鱼背较厚，所以解刀时要注意将鱼背与肚档分开来，再统一切成规格相近的厚片。鱼片的厚度以一指为宜，太薄了易干、太厚了不易入味。

2. 鱼片的码味腌渍分放酱油与不放酱油两种，这里的酱油指的是"老卤"。用老卤来腌渍的，炸出来以后风味当然更佳，但这样一锅油会很快浑掉；而用"清

腌法"，则油的利用率提高了，但风味稍逊。实际生产中采用的是相对节约成本的清腌法。

3. 本帮熏鱼最关键的一步在于"炸"，油温一定要高达八成。因为只有一次清炸，才能炸出外焦里嫩的质感来。油温不够高、或者两次复炸均会使鱼块变老。

4. 鱼块炸好后，要趁热放进滚热的老卤中，这样热料撞热卤，才会使得老卤的渗透性更好。如果热鱼块进了冷卤，则鱼块不入味，这是本帮大忌。

5. 卤汁的配方是各家名店的商业机密。各家都大同小异，但原料大都如菜谱中所列。

二、糖醋排骨

（一）菜谱

1. 将肋排剁成骨牌块，用清水漂去血沫，晾干。

2. 炒锅内下大量花生油，烧至八成油

1
熏鱼特写

2
刀工

3
腌渍

4
油炸

5
卤汁

6
浸卤

7
熏鱼成菜

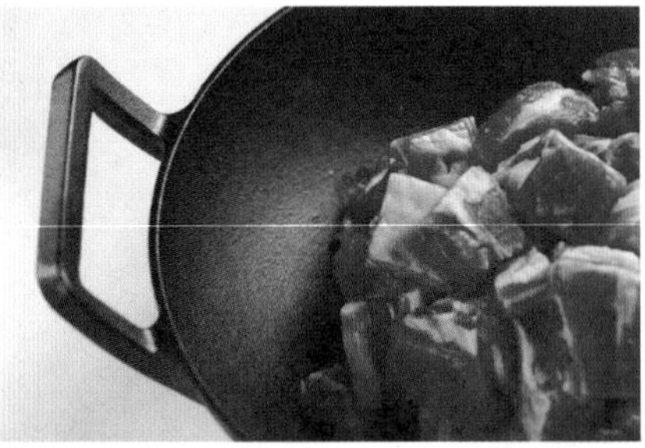
1

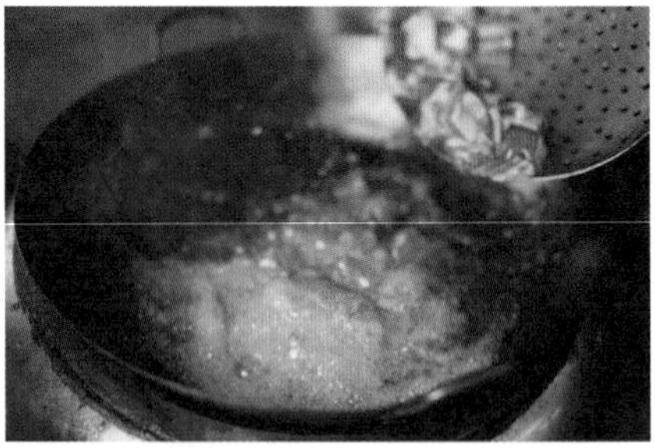
2

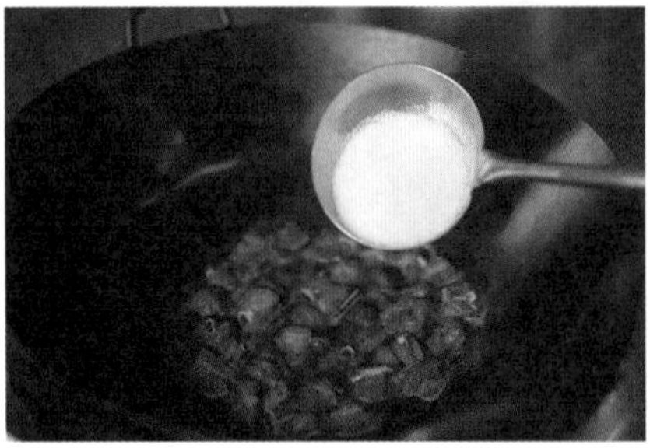
3

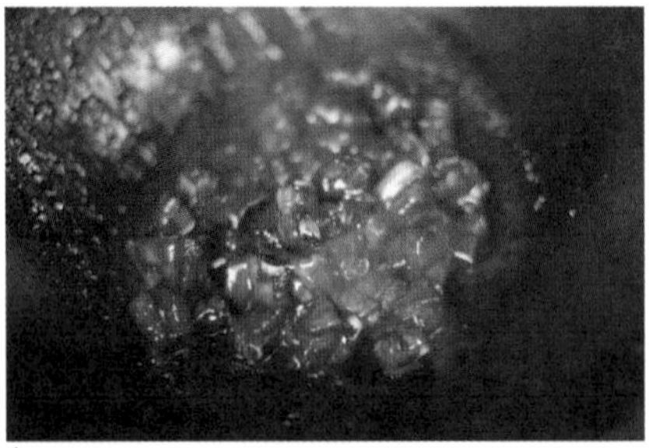
4

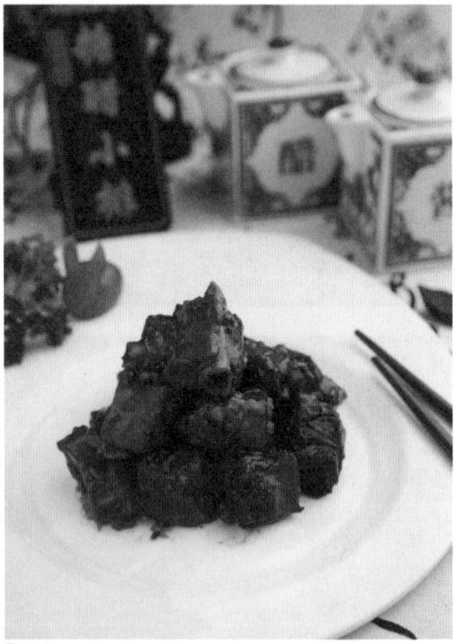
5

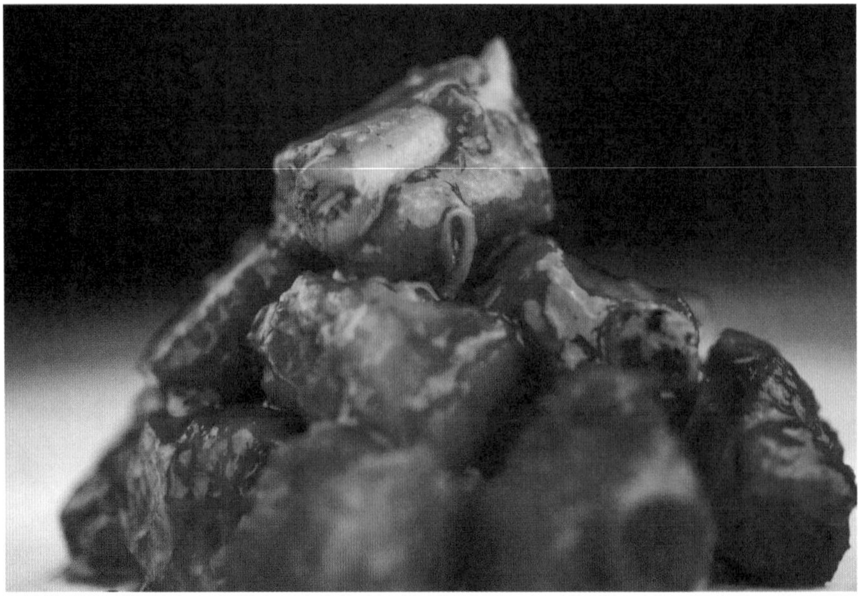
6

1
剁骨漂水

2
清炸

3
调味

4
焖烧入味、收汁

5
糖醋小排成菜

6
糖醋排骨特写

3. 炒锅中煸香葱节、姜片，下炸好的小排和酱油，炒红后放绍酒、米醋、白糖、鲜汤。

4. 大火烧开后，转文火焖烧入味，再大火收紧卤汁，装盘。

（二）要诀

1. 糖醋小排万不可焯水，只宜漂净血水至排骨成白色即可，因为接下来的清炸是要失去一部分水分的，焯水后小排容易变老。

2. 清炸这一步要求外层炸出焦圈来，而内部仍含有水分。所以最好大油量、高油温一次炸成，操作中宜小批量分步去炸。大批量生产时，可先在七成左右的油温下去，收干表面水分后迅速捞起，待油温重新升至八成以上时，再下锅复炸，但这样风味不如一次炸成的。

3. 下调料时，先煸香葱姜，排骨下锅后，一定要先放酱油"走红"，这样才会使咸味在最里层且颜色较正。酱油下去后要在锅底略有焦煳感时再下其他调味料。

4. 米醋和白糖的用量是较大的。以一份500克排骨为例，米醋约需一袋、白糖用量略少于米醋（约为3两多）。这个用量是本帮糖醋风味的保障，一般的菜是用不到这样多的量的，但这一步是关键的关键。

5. 汤水不可满过排骨，否则最后收汁较难。汤水量约比主料低一指左右，保证沸腾的汤水能够得着上面的排骨即可。

6. 大火收汁时，不可等到卤汁完全收紧，因为铁锅较热，如果先在锅里收紧了，盛菜时卤汁就干了。正确的方法是看卤汁黏稠了，且糖醋汁的泡泡有一元硬币大小时就要起锅了。成菜的卤汁应为胶稠中带一定的流动性。

7. 起锅前可再沿锅边淋下少许米醋增香。先前放的叫"闷头醋"，起锅前放的叫"响醋"，目的在于使醋香借热力挥发出来。

三、四喜烤麸

（一）菜谱

1. 将烤麸顺着纹路撕成块，经冲洗后，挤干水分。姜块洗净拍松。

2. 将炒锅置火上，倒入大量花生油，烧至八成热，投入烤麸块炸透，捞出沥油。

3. 炒锅留底油，煸透香料及姜块。

4. 放入烤麸块、酱油、白糖、味精、绍酒、鲜汤，大火烧开后加盖，改用小火焖烧至烤麸回软，大火收紧卤汁，出锅装盘。

（二）要诀

1. 烤麸宜撕不宜切，顺纹撕下者口感较佳。实际生产中为了成菜造型往往用刀

1
——
顺纹路撕成块

2
——
预处理

3
——
油炸

4
——
煸透香料和姜块

5
——
调味

6
——
烤麸特写

切成骨牌块，口感稍逊。

2. 烤麸也是需要清炸的。但这一步要求炸到烤麸块完全脱水，直至变脆。所以清炸这一步不需要太快，要耐心地等烤麸块脱完了水，外层有焦黄色时再沥油。

3. 焖烧这一步是为了让烤麸块回软及入味。所以火候要文弱一些，方可催刚为柔，如果火候太大，则烤麸块外烂内硬。

4. 收汁这一步如同围棋中的"官子"，这一步如同补救一般，是要看汤汁的具体情况的，汤汁太多了才收，如汤汁已紧，则不必再收。成菜以烤麸块吸饱卤汁且盘面无多余汤汁溢出为度。

5. 这道菜的变化在于：一是可以放八角桂皮，使成菜具有五香风味；二是可以放香菇、木耳、金针、花生为辅料。

烤麸成菜

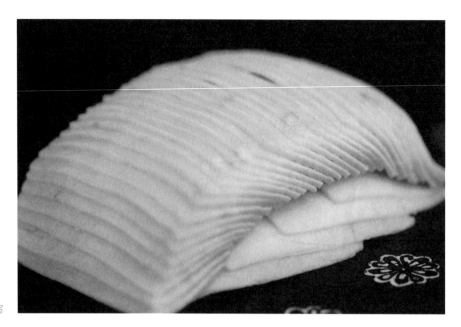

虾籽白切肉特写

四、虾籽白切肉

（一）菜谱

1. 将整块后臀肉入温水锅中，开大火略焯水，撇去浮沫后捞出洗净。

2. 将焯好水的后臀肉块入肉清汤中，大火烧开后，将火控制成水刚好沸腾成菊花芯状，待肉块熟后捞出晾凉。

3. 将黄豆酱油、干虾籽、肉清汤、葱结、姜片、少许红糖熬成复合酱油，滴入白酒少许。

4. 将冷透的肉块修去多余的肥膘，切成薄片，配复合酱油成菜。

（二）要诀

1. 白切肉选料取的是猪后臀，这是猪身上纤维最粗老的一块，所以致熟过程需小心。焯水时温水下锅，开大火，这样才能有效地逼出猪肉内的血渍。

2. 后臀肉的致熟是"浸熟"，这一点和另一沪上名菜白斩鸡有异曲同工之处。把握了这一点火候就好控制了。

3. 虾籽白切肉的味全靠一碟蘸水。复合酱油需要慢火熬制，分寸的把控是这样的，等到加入的肉清汤部分差不多耗完之后，复合酱油就熬好了。最后滴入少许清香型白酒（如五粮液），味道以稍呈酒香即可。

4. 白切肉是一道刀工菜，成菜一定要将肉片切成薄如书页般的薄片，每片上稍带肥膘即可。这就要求将煮好的肉在原汤中完全冷透，过早下刀，则瘦肉易碎。

1
预处理

2
断生

3
复合酱油

4
切成薄片

5
虾籽白切肉成菜

汤类菜式

一、腌笃鲜

（一）菜谱

1. 将鲜猪肋条肉刮洗干净后，在汤锅中加绍酒，加水淹没，煮到八分熟，捞出晾凉，切成约2厘米见方的块。

2. 将咸猪腿肉刮洗干净，皮朝上放入汤锅，加水淹没，先用旺火烧开，再用小火烧30分钟，然后将肉翻过来，继续烧到肉皮发软取出，趁热拆去骨头，去掉四边油膘和边皮，切成约2厘米的小块。

3. 将咸肉、鲜肉、笋放在砂锅内，加

煮肉的两味原汤，先在旺火上烧开，改用中火烧到笋熟肉酥，再用旺火将汤汁收浓，随后加盐定味，原锅上桌。

（二）要诀

1. 鲜肉与咸肉都要经过预煮，这是一般家常菜不容易理解的地方。鲜肉预煮一是等同于焯了一次水，二是预煮后冷却下来再切成块，则再煮不易变形。而咸肉预煮的目的主要是拨咸和煮酥。

2. 咸肉的预煮火候较长，因为咸肉较为紧实，所以需要用文火慢慢地将它焖

预处理

软。咸肉（指五花肋条）软下来，才便于拆骨去皮，这是要趁热进行的，咸肉也可以在热的时候切，因为咸肉较为紧实，所以一般不会碎也不会变形，这些都与先前的鲜肉预处理不同。

3. 笋的选择名堂多多，一般来说，粗而短的毛竹笋是远不如细而长的绿竹笋的。而且冬笋也远比春笋要好。笋切滚刀块即可，不必焯水。

4. 腌笃鲜的"笃"不可望文生义，它不是指文火。这道菜需要将咸肉、鲜肉和笋的味道合而为一，如果火力没有一定的力度，则鲜美依旧但醇厚全无。本帮菜是要讲究一种上口后的味觉冲击力的，所以这道菜的实际火候是中火，要使得汤水有节制地沸腾，火力大小当以保持主料翻滚为度。这是"有力度的醇厚味"的关键。

1
预处理

2
"笃汤"收浓、加盐定味
上桌

3
腌笃鲜成菜

扣三丝特写

二、扣三丝

（一）菜谱

1. 将预煮好的后臀肉片下肥膘，切成细丝。将火腿、鸡肉、熟笋亦切成细丝。

2. 取底部带孔的扣盅一只，皮朝下放进一只泡发开的香菇，再将火腿丝3份，鸡丝2份，笋丝1份分别沾水拍实后，排进扣盅，中间以肉丝塞紧。

3. 将塞好三丝的扣盅上笼，蒸至三丝刚熟取出，倒置于汤盆中。

4. 将清汤向扣盅底部孔洞处浇淋，直至清汤高及扣盅1/3处，在小洞处用筷子顶着香菇，将扣盅取出即可。

（二）要诀

1. 扣三丝考的就是刀工，三丝首要在均匀，其次才是细，当然是越细越好，但粗细不均匀是大忌。除塞在中间的肉丝外，鸡丝、笋丝、火腿丝的粗细规格须完全一致。三丝的长度应略长于扣盅高度。

2. 切好的丝要先洒点水再拍一下，这样它们就粘连在一起了，这样拿起一片来放在扣盅壁上，才会排得整齐，如果拿起

1-2
切丝

3
取带孔扣盅一只

4
装盅

5
上笼蒸

6
装盆取盅

7
扣三丝成菜

丝来直接放进扣盅，三丝会排乱掉。排好边上的六个刀面后，再用肉丝塞紧。

3. 扣三丝蒸好后出盅时，须先用清汤从倒扣过来的扣盅上淋下去，因为扣盅内有一块香菇，这样扣盅肉壁就会有水分，不会在出盅时粘得太紧。此外，出盅时须用一根筷子顶住香菇，这样扣盅拨出后三丝才会"丝路"清晰。

1

1
—
槽钵头成菜

2-3
—
预处理

4
—
烧开、焖烧

5
—
定味道、淋青蒜叶

6
—
槽钵头特写

2

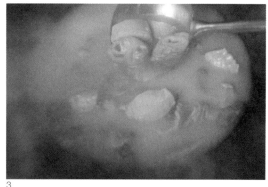

3

4

5

6

四、糟钵头

（一）菜谱

1. 将猪肺、猪肠、猪肚、猪肝、猪脚等洗净、煮熟后切成小条或小块。火腿煮熟切片。笋切成片。油豆腐用淡碱水浸泡后，用清水洗净。

2. 取大砂锅一只，放入猪肺、猪肚、猪肠、猪脚、葱结、姜片和肉汤，旺火烧开，撇去浮沫，加入熟猪油半两，盖上盖子,移小火上焖烧至内脏软熟。

3. 待砂锅内原料酥软时,捞出葱结、姜片,放入猪肝、笋片、熟火腿片、味精、精盐、绍酒,再用中火烧三五分钟,放入熟猪油少许,加糟卤,淋上青蒜叶(或韭黄段)即成。

(二)要诀

1. 糟钵头是本帮汤糟类的代表作。这道菜中浑糟卤的吊制相当重要,一包糟泥配上3～4瓶花雕酒拌匀,再静置数小时,然后取糟卤,需要说明的是,汤糟之糟卤只要吊一回成为浑糟即可,不需要像熟糟那样吊成清糟卤。

2. 糟钵头中的各种主料,主要是猪内脏,各种脏杂料分别需要经过不同的预处理,并预先白煮至熟,烧这道汤菜时下锅取的是已经完全预制好的熟料(如果有猪肝,那不需要预煮,只需要最后下锅烫一下)。

3. 糟钵头和所有汤糟类菜式一样,其浑糟卤是要等到汤汁完全滚煮成奶汤之后才能下去的,而且一下糟就要起锅了,下早了香味会很快地挥发掉。此外,青头(一般为青蒜叶或韭黄段)则可以直接洒在成菜上。

五、糟香大鱼头

(一)菜谱

1. 将鳙鱼头用红酱油浸渍片刻,沥干。锅上旺火烧热,用油滑锅后,再下豆油半斤烧至七成冒烟,下鱼头,两面煎

1

2

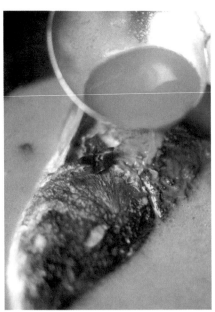

3

1

2

3

黄，滗去余油，烹入绍酒，加小盖焖一下杀腥。

2. 开盖，加酱油、白糖、笋片、熟猪油和清水至浸没鱼头，盖上锅盖在旺火上烧开。然后改用小火焖烧15分钟，待鱼眼泛白突出、内部熟透时，再改旺火，放粉皮、精盐、味精、熟猪油，烧到粉皮透明。

3. 用漏勺将鱼头捞出，装入砂锅，倒入原汁和粉皮、笋片。加盖上小火烧透，淋上调好的汤糟卤，洒上青蒜叶即可。

要诀

1. 鳙鱼头是毋须开刀剖为两爿的，因为完整的鱼头上桌会更为抢眼。但鱼皮上需要抹上一层酱油上色，这样煎出来的鱼皮才更显得焦黄。

2. 鱼头因为体型较大，所以这一步油煎用油量是有点大的，看上去像"炸"那样，但其实业内称为"重油煎"。油太少了煎不透，但这些油煎完了是要沥掉的。

3. 当热水滚煮后，汤色乳白时，须下少许酱油"兑色"，也就是用少许酱油来把汤汁勾兑成淡咖啡色的样子，这是本帮浓汤类菜式中的一大特色。

4. 这道菜的定味不光是最后放准盐，糟卤和青头也属于定味这一步。糟香大鱼头也是用的浑糟卤，而这一类汤糟菜式都要求在起锅前才把糟卤放下去。这一步和糟钵头差不多。

糟香大鱼头特写

烧类菜式

一、红烧河鳗

（一）菜谱

1. 将河鳗用温热的水烫过，再用盐和生粉搓擦掉鱼皮表面的黏液。

2. 将河鳗沿腮下和肛门各横剪两个口子，用筷子的方头从鱼段中绞出内脏来，洗净后切成整齐的鱼段，入冰箱急冻。

3. 锅中煸香葱姜，下肉清汤、鱼块、绍酒、酱油、白糖。大火烧开，加盖转文火焖烧。

4. 待鱼块入味后，揭开锅盖，以中火晃锅补进少许热油。再转文火略焖。

5. 待鱼块酥软发胖时，揭开锅盖，大火晃锅收汁，至卤汁包紧鱼块后，出锅装盘。

（二）要诀

1. 河鳗是无鳞鱼，去黏液的方法一般是先用热水（不能用开水）烫一下，再用

1

大量的盐和面粉搓擦。这样才能洗干净。黏液去不净，会有严重的腥味。

2. 河鳗的"开生"与其他鱼类不同，它不能破开鱼肚皮，只能剪开两头，其中肛门一处要剪断鱼肠，内脏用筷子绞出

来。这是鱼皮不破的第一个关键之处。

3. 鱼切成标准长度的鱼段后，一定要下冰箱冻结实了，否则鱼皮必破。这是本帮烹饪技艺的神来之笔！

4. 红烧河鳗是用落烧汤的手法来做，

红烧河鳗成菜

也就是直接下汤水里去烧，绝不可任性地先将鱼块煸炒一通。自来芡烧法的大多数菜式，都不能先煸炒。

5. 补油是一个技术活，何时揭盖，补多少油，怎样使油充分化进卤汁里，都是看不见的功夫，这些细节，才是自来芡烧法真正考功力的地方。

二、红烧圈子

（一）菜谱

1. 将猪直肠洗去黏液，把肠头整个翻面，撕去油筋，洗去糠屑，仍翻回原状，切去肛门和薄肠，下沸水锅略煮后捞出，再用盐、醋反复揉擦洗净。

2. 将猪直肠洗净的肠头放锅中，加葱结、姜片、陈醋、清水，先用旺火烧沸，再用小火焖至直肠酥烂，取出晾凉，切成长圈子状肠段。

3. 锅内放熟猪油烧热，下葱段、姜片略煸，下熟圈子、绍酒、酱油、白糖、肉清汤，大火烧沸后，转用小火烧至浓稠时。

4. 另用炒锅坐火上，放入熟猪油，烧至七成热，下豆苗旺火煸熟，加精盐、白糖、味精炒匀，出锅装盘，将圈子盖在豆苗上即成。

1

2

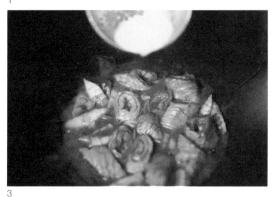

3

4

红烧圈子成菜

（二）要诀

1. 红烧圈子做得怎么样，不是看红烧的工夫，重要的就是看圈子的预处理是否过关。洗大肠须用大量的盐和生粉搓擦干净。其中直肠内的白油不可以全都剥光的，剥去多余的絮状油脂就可以了，附着在肠壁上的油脂是干净且有用的，焖烧的时候，全靠它来形成自来芡。

2. 初洗完的直肠放入清水锅中预煮，这是去异味的最后一步，水里要加葱、姜、绍酒和陈醋。注意不可完全煮酥，要留下一口气来给最后的文火入味。否则过火失形了，口感过烂反而不佳。

3. 煮好的直肠最好进冰箱冷藏一下。冷藏之后的直肠会重新紧缩起来，这就为最后的上灶红烧打好了伏笔。

4. 红烧圈子是落汤烧，这里的第一步其实似煸非煸，目的仅仅是为了使圈子热一下，方便着色。另外，红烧圈子的汤水最好是肉清汤，这样味道会更加醇厚。

虾籽大乌参特写

三、虾籽大乌参

（一）菜谱

1. 炒锅中放入大量豆油，烧至八成热，将发好的大乌参皮朝上放在漏勺里浸入油锅，炸至乌参表面燎起均匀的小泡时捞出沥油。

2. 将炸好的大乌参浸入红烧肉卤汁中静置一夜。

3. 炒锅上中火，放猪油，烧至六成热，下葱结炸出香味来，取葱油待用。

4. 将浸泡入味的大乌参（皮仍朝上）放入锅内，加绍酒、酱油、红烧肉卤、肉清汤、白糖、干虾籽，加盖烧开后，移小火焖烧5分钟左右，再端回旺火上，用漏勺捞出大乌参，皮朝上放在长盘里。

5. 锅里卤汁加味精，用湿淀粉勾芡，接着边淋葱油边用铁勺搅拌，等把葱油全部搅进卤汁后，放入葱段，将卤汁浇在大乌参上即可。

（二）要诀

1. 干的大乌参先用明火烤，直烤到大乌参的表面呈焦炭状，这样乌参表面的皮就会变脆，用刀轻轻一刮就可以脱得干干净净。烤不到位，则刮不干净。"卖相"

1
——
油炸

2
——
冷浸

3
——
备葱油

4
——
加料

5
——
小火焖烧

6
——
浇汁

1

2

3

4

5

6

就不好了。

2. 表皮刮干净了的大乌参，先冷水浸八九个小时，换清水烧开后再自然冷却。等大乌参稍微有点软了之后，去除内脏，清洗干净再换清水，烧开再冷却，这样反复多次，直至大乌参完全均匀柔软，才算涨发好。

3. 涨发好的大乌参，不能直接拿去红烧，要先进行油炸。将大乌参放在漏勺里投入七八成热油里炸干水分，直至外表燎

出很多小泡泡来，这就算是把外表皮给收紧了。

4. 海参很难入味，所以油炸过的大乌参，要先在红烧肉的卤汁里浸过一夜，让味道慢慢地渗透到海参的肉质里去。

5. 大乌参是落汤烧，因为大乌参已经基本入味，所以烧的目的仅仅在于将它的质地最终精确定位到最佳口感上。烧到糯中稍韧时，先将大乌参出锅，再用葱油和芡汁去对付汤水中的其他细节。

虾籽大乌参成菜

炒类菜式

一、生煸草头

（一）菜谱

1. 将草头（苜蓿）去老梗、败叶，选有三片叶子的嫩头部分，用清水洗净，然后沥干。

2. 炒锅上火，经滑锅后，加入猪油，烧至九成热时，放入草头、精盐，旺火急煸，用铁勺不断推拌煸散，连续颠翻，使草头受热均匀。

3. 然后加白糖、味精、酱油和高粱酒，炒至草头柔软碧绿，即出锅，平摊在盘内即成。

（二）要诀

1. 炒菜锅一定要先炝锅。也就是先干

1
净菜、沥干

2-3
旺火急煸、连续颠翻

4
调味出锅

生煸草头成菜

烧那口锅，锅烧热以后，再下油。因为草头是一种较为"吃油"的野菜，所以放油的量比一般蔬菜要多一些。

2. 这是一道"抢火菜"，必须讲究步骤的合理。左手持菜盆，将盐直接放在鲜草头上，右手持手勺，手勺里为一酒瓶盖高粱酒和适量的清水。左手菜下锅后，扔掉菜盆，右手将手勺里的水沿锅边淋下，

同时左右手配合翻勺，使菜均匀受热。

3. 生煸草头一定要飞出火来，这样内外夹攻，才能使草头在最短的时间内致熟。这样草头里的水分才不会逼出来，否则就成了"草头汤"。

4. 草头炒软下来之后，可以放酱油和糖，但以直接放红烧肉的卤汁为佳。合味后迅速出锅装盘。

生煸草头特写

八宝辣酱成菜

备好八宝料

二、八宝辣酱

（一）菜谱

1. 备好八宝料：鸡丁、瘦肉丁、熟肚丁、鸡肫丁、板栗丁、白果丁、花生丁、笋丁。

2. 炒锅留油上火，将八宝料入锅，炒散煸透。加熬好的辣酱，再炒至八宝料均匀着酱。

3. 加绍酒、酱油、白糖、味精和肉清汤，焖烧至汤汁收紧，随即用湿淀粉勾芡推匀，再加热油推匀，出锅装盘。

4. 另取炒锅上火，放入虾仁、青椒等炒匀，浇在成菜上即可。

（二）要诀

1. 先将锅里的底油烧到五成热时下辣酱，待红油出来后，下四川豆瓣酱，酱香味出来后，加酱油、白糖、绍酒和肉清汤熬制。味感上的要求是咸、甜、鲜、辣兼

1

2

3

4

1
——
焗透、均匀着酱

2
——
调味、焖烧

3
——
汤汁收紧

4
——
盖虾仁青椒"帽子"

而有之，不可过偏于某一味。熬制时比例须一次到位，汤水须不多不少，否则很难熬出甜咸适中、鲜辣适宜的味道。

2. 这道菜的技法是先焗、再烧，其中焗要焗透，烧要入味，炒要清爽。最重要的就是烧这一步，调味须一次到位，汤水须不多不少，盖上锅盖焖烧时不可揭盖。这样才能烧出辣酱独有的酱香味来。

3. 八宝辣酱最后一步合炒时的荧汁功夫也是关键，既要有"汪油"的效果又要出"包汁"，要使成菜看起来像炒出来的一样，呈明显的浓稠的酱状。

八宝辣酱特写

清炒鳝糊成菜

三、清炒鳝糊

（一）菜谱

1. 将烫杀的黄鳝丝洗净、沥干水分，切成整齐的小条。

2. 炒锅炝好锅，下猪油烧至七八成热时，下鳝丝煸透。加入绍酒，加姜末、酱油、白糖、和肉清汤，大火烧开后加盖，转小火略焖。

3. 见鳝丝柔软入味后，再改旺火。用湿淀粉勾芡，装盘，并用铁勺在鳝糊中间揿一个坑。放入葱花（或蒜泥）胡椒粉和麻油。

4. 炒锅烧热，放入少量花生油，烧至冒烟时，倒入鳝糊窝内，即可。

（二）要诀

1. 煸炒鳝丝前必须要"狠狠地"炝锅，锅炝不好，鳝丝煸炒时鱼皮必然粘锅。聪明的厨师会在鳝丝入锅煸制前，拌上少许明油。这也是一个不破皮的小诀窍。这道菜应煸到鳝丝卷边时方为煸透，煸不透，则不易入味。

2. 调料汤水下锅烧开后，要加上锅盖，用文火焖烧一下，这样才能使鳝丝"入味"。

1

2

3

1
清炒鳝糊的打芡

2
浇油

3. 起锅前收汁时要淋上厚厚的芡汁，并反复将浓稠起来的一堆糊糊状的鳝丝平摊到锅底上，让它们直接接受锅底热气的炙烤，这样会有一部分糊糊炭化，并板结在锅底上。这是对的，焦煳香就是从这里来的。如果芡汁过干了，可以用"二次勾芡"来完善。

四、青鱼秃肺

（一）菜谱

1. 将青鱼肝旁的两条黑线撕去洗净，沥干水。

2. 炒锅里烧开清水，转文火，推入鱼肝热烫定型后沥水捞出。

3. 炒锅上旺火，用油滑锅后，下熟猪油烧到五成热，下葱段煸出香味，然后下鱼肝块，晃动炒锅略煎之后，将锅颠翻煎另一面。随即加入绍酒，加盖焖去腥味。

3. 锅内加姜末、酱油、白糖、米醋、肉清汤，烧开后，用小火略焖，见鱼肝块已熟时，下水淀粉勾芡。

4. 淋入芝麻油，出锅装盘，撒上青蒜丝即成。

1
——
青鱼秃肺的备料

2
——
定型

3
——
油煎

4
——
调味、勾芡

5
——
淋麻油、出锅装盘

青鱼秃肺成菜

青鱼秃肺特写

（二）要诀

1. 做青鱼秃肺的青鱼肝要求外形完整，嫩而不碎，所以鱼肝不能太小，每块的重量应该至少是1两，最好是在3两左右。同时，宰生和洗濯时，一定要轻拿轻放，而且现杀现做，鱼肝不够新鲜时很容易"发沙"。

2. 新鲜的青鱼肝要在开水里定个形，否则太容易碎了。需要特别注意的是火头不能太大，是热浸定型而不是没心没肺的焯水。

3. 煎鱼肝前，炝锅一定要炝到位，煎时要轻轻推下去，一面煎紧实了，要轻轻翻个身煎另一面，动作大了就颠碎了。

4. 调料汤水下锅后，大火烧开，此时要立即转成均匀的文火，断不可迟疑，因为滚开的汤汁很可能会把鱼肝冲散冲碎，但如果不开大火，烧制的时间就长了，鱼肝又会老；而文火入味的时间，也只在三五分钟而已。

五、清炒蟹黄油

（一）菜谱

1. 炒锅炝锅后，下熟猪油煸香葱段捞出，放入蟹黄、蟹膏，用铁勺轻轻摊平，煎匀，加入绍酒，加盖稍焖一下去腥。

2. 开盖，加姜末、酱油、白糖、肉清汤，略烧两三分钟，使蟹黄油烧透入味。

3. 将锅端回旺火上，淋入少许湿淀粉晃锅着腻，加醋，撒入葱花，淋熟猪油，推匀后出锅装盘，撒上胡椒粉即可。

（二）要诀

1. 炒蟹黄油时，最难伺候的是蟹膏。蟹膏炒制时极易枯焦，而不焖透则又不易入味，所以一定要小心将它摊平，再适时晃锅，或辅以淋油，以免蟹膏粘底。

2. 先用绍酒杀腥，再放调味料和汤水，焖上个两三分钟就差不多了。

3. 勾芡在这里不是为了产生糊状的质感，只是为了成菜的着腻，所以芡汁要少一点。起锅前的几点醋和熟猪油是能为菜肴增色不少的。

1
———
煸炒煎匀

2
———
入味

3
———
芡汁着腻、调味、出锅装盘

1

2

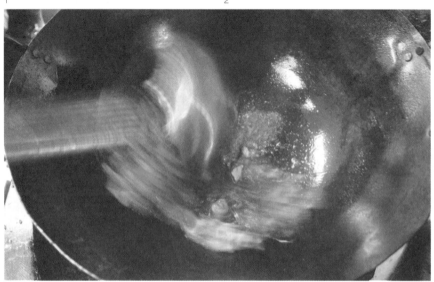

3

清炒蟹黄油成菜

清炒蟹黄油特写

蒸类菜

一、八宝鸭

（一）菜谱

1. 将鸭从背脊剖开，除去内脏洗净，入开水锅中略烫取出，在鸭皮上涂抹酱油上色。

2. 将板栗、莲子、肉丁、冬菇丁、鸡肫丁、笋丁、火腿丁、虾仁、糯米饭等八宝料，加酱油、白糖、绍酒、味精拌和成馅，放入鸭肚内，用大海碗盛好，并用薄膜包紧。

3. 将包好的鸭子上笼蒸4个小时，至鸭肉酥烂取出，鸭装在盘里，将冬菇、火腿、笋片、熟虾仁和蒸鸭的汤汁一起下锅，用湿淀粉勾芡，浇在鸭身上即可。

（二）要诀

1. 一般常见的开膛方法，是从鸭肚子那里剖开取出内脏，然后填入八宝料。然而，鸭肚子没有骨头支撑着，这样八宝料塞进去以后，一蒸就会漏出来。因此，八宝鸭必须从鸭的脊背部位开刀，斩断鸭的

八宝鸭特写

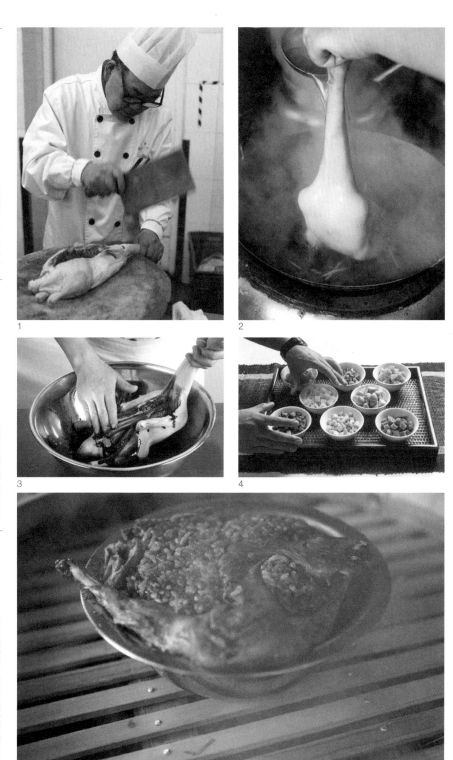

1
本帮菜泰斗李伯荣大师亲
自操刀

2
焯水

3
上色

4
备八宝料

5
装海碗蒸

八宝鸭成菜

脊骨，塞进八宝料后，再将刀口向下，肚子朝上，这样下面的刀口有骨头撑着就不会涨开。

2. 肉类食材焯水一般是冷水下锅，业内行话"冷荤热蔬"。这样把水烧开，才能去干净肉类的血沫，去除异味。但八宝鸭例外，鸭子要开水下锅，因为佐料和辅料多，所以不用担心鸭子残留的异味，而过度焯水，也会把鸭的香味去尽。

3. 鸭子焯过水后，一定要趁热将红酱油抹遍全身鸭皮，因为只有鸭皮滚热而紧实时，酱油的颜色才能均匀"挂红"，如果一冷下来，则抹上的酱油色会挂不牢。

4. 鸭子要蒸到"糯"的地步，一般需要4个小时的火候的。上海老饭店在实践中总结出的经验是，先蒸2个小时，晾凉后，再复蒸2小时，这样出来的效果会更好。原理是蒸2小时后，八宝鸭基本上熟了，冷却一下，它会从蓬松状态又紧缩起来，再复蒸一下，使得鸭再次蓬松开来，既保证了肉质糯中带滑，同时也更入味。

炸类菜

1
———
备料

2
———
八成油温

一、油爆虾

（一）菜谱

1.将活河虾剪掉须足，洗净沥干。

2.炒锅内下大量花生油，烧至八成热，把虾放在漏勺上抖入油中，待虾头壳胀裂、须脚松开时，立即捞出，沥油。

3.锅内留余油，放入葱末爆香，加绍酒、姜汁、白糖、酱油、精盐，用旺火烧开，迅速用手勺推拌至黏稠时，加入麻油推匀。

4.倒入河虾颠翻，使卤汁粘附在虾身上，出锅装盘即成。

（二）要诀

1.河虾经过油爆后，壳肉分离，如果河虾个头太大，则入口后肉多卤少；反之，如果河虾个头太小，则会卤多肉少。河虾是弯着身子的，一般来说，它的头到它弯过来的部位约等于小拇指的前两截长的时候，这种大小吃来口感刚好。

2."油爆"的油温一般是八成左右。

1

2

关于油温，业内有"七成起烟八成浪，九成平静十成火"的说法。当油温七成热时，开始生烟了，而油温到八成时，油烟明显小了，但油面会有轻微的波纹，等到油面复归平静，无烟也无波纹时，这就是九成热了，马上就会烧起来。而十成热的油实际上指锅里已经燃起大火了。掌握了这个规律，油温的把控就基本上有谱了。

3. 靠读秒的方法来把控油爆虾的分寸，那是刻舟求剑。正确的方法是不断用

1
掌握炸的分寸是关键

2
熬卤

3
卤汁粘附

油爆虾成菜

手勺搅动着观察，当河虾爆到头壳爆开、尾脚须张的地步时，就要赶紧沥油了。

4. 油爆虾卤汁当然可以现配，但以单独熬制的为上佳，业内称这种手法为"大兑汁"。

油爆虾的卤汁配料，包括酱油、糖、葱、姜、麻油。将葱结、姜片、酱油、白糖和适量的水放在锅里，大火烧开，然后改成小火，慢慢地熬。熬到起稠时，最后再放麻油进去搅匀。

油爆虾特写

椒盐排骨特写

二、椒盐排骨

（一）菜谱

1. 将猪大排去掉脊骨尖，斩成厚块，每块用刀面轻轻拍平，再改斩成长条。

2. 将大排条用绍酒、酱油、葱姜抓匀腌渍入味后，下面粉与生粉拌匀，然后加适量水将大排条捏成厚糊状。

3. 锅里放大量花生油，等烧到七成热时，将大排条逐块放入。待定型之后用漏勺捞起，待油温重新回到七成时，再行复炸，直至呈金黄色并浮起时，捞出沥油。

4. 油锅里下葱花略煸，下麻油快速炒匀，下炸好的大排条翻匀出锅装盘。

（二）要诀

1. 腌渍时，味料是以酱油为主，绍酒、葱姜均为点缀，可有可无。但一定要等味道腌进去以后再进入下一步。这是这道菜的内在灵魂。

2. 挂糊时的粉是一半生粉一半面粉，

1

2

1
——
备料

2
——
腌渍

1
2
3
4

1
挂糊

2
油炸

3
复炸

4
挂味

如果全是生粉则缺乏筋力，挂不牢。有了面粉不仅挂得牢，而且炸出来会更脆。此外，先拌粉再下水，也是关键，这要看肉质的具体情况的，如果前面腌渍后的汁本来就多，就可以不加水了，水只用于调节，目的只是挂成厚糊状。这是这道菜的"气"，气脉通顺才会有神。

3. 椒盐排骨要炸到外脆里嫩，最好两次复炸，第一次是定形，第二次是炸脆外层。所以第一次油温不必过高，排骨逐一下去炸时，火也可以小一点。炸到定形后捞出来，这时候可以再把油温提到七八成左右，开大火复炸一下。这是这道菜的"神"，炸好外脆里嫩、不枯不焦的地步、油温的控制并不简单。

4. 葱花和麻油是用来点缀的味道，但因其挥发极快，所以下锅的顺序很重要，先煸香葱花，再下麻油炒香，最后下主料统一翻匀。香味要足够，这个下料顺序是最佳的。这一步外挂味是这道菜的"韵"，余韵虽不是重点，但"头香"却主要靠它了。

椒盐排骨成菜

本帮菜传统烹饪技艺
—— 的风格特色 ——

在历数了本帮经典名菜背后的名堂经后，我们有必要换个宏观的视角，
站在全局的高度来重新审视一下本帮菜传统烹饪技艺的特征。

本帮菜传统烹饪技艺对中式烹饪的最大贡献，在于它立足上海地域文化，
对中式烹饪体系的某些局部进行了适合上海本土文化的精细雕琢。
打个比方说，就像旗袍本身并非上海人的发明，
但上海的旗袍文化却是独树一帜的。

只有透过具体的厨艺秘诀，站在全局的高度来看，才能鲜明地看出
它之所以能被列入国家级非物质文化遗产代表性项目名录的价值所在。

Characteristics of
Traditional Cooking Skills of
——— Shanghai Cuisine ———

It is necessary to use an eye view with a macro perspective to
re-examine the characteristics of traditional cooking skills
after specifically elaborating famous Shanghai dishes.

The greatest contribution of Shanghai traditional cooking skills to
Chinese cooking lies in its foothold in the regional culture of Shanghai and
the fine carving of certain local parts of the Chinese cooking system
that suit Shanghai's local culture. For example, cheongsam is not the invention of
Shanghainese, but Shanghai's cheongsam culture is unique.

Only from overall and specific perspective to observe Shanghai Cuisine
can we clearly see its value of being included
in the National Intangible Cultural Heritage items.

大卸八块细说"烧"

上海人常用"烧"来泛指烹饪过程。比如请你去家里吃饭，上海人会说："阿拉烧两只小菜拨侬吃吃"。而事实上，你上了桌很快就会发现，这一桌菜可不单单是烧出来的，很可能还有炒的、蒸的或者炸的等菜式。

为什么上海人会把做菜这个操作过程泛指为"烧"呢? 那是因为上海人在烧这一技法上所花的心思实在是太细了。

按照烹饪工艺学统一的分类法，"烧"这一技法是水烹法这一个大类别中的一种，它的定义为："将预制好的原料，加入适量的汤汁和调料，用旺火烧沸后，改用中小火加热，使原料适度软烂，而后收汁或勾芡成菜的多种技法的总称"。烹饪工艺学中一般只是笼统地将"烧"这一技法分为红烧、干烧和软烧三大细类。

但是在本帮菜里，上述定义可远远不是这么简单，烧的每一个细节步骤都可以大卸八块地分解开来，然后再不厌其繁地大做文章。"烧"一道"小菜"在上海真的不那么简单，它几乎包含了本帮菜关于烹饪审美的全部理解过程。

上海人通常所说的"烧"听起来就只有一个字，但这一个字的背后，它的实际内涵所隐藏着的潜台词就实在是太丰富了，乃至于我们要把烧这个字背后的这些

煎烧

"煎"一般用来对付细嫩新鲜的原料，比如青鱼、草鱼、鲫鱼、鳊鱼、黄鱼、塘鳢鱼（含有大量明胶类蛋白质的鱼，如鳗鱼、鲴鱼等除外）、大明虾、肉末制品、部分内脏（如青鱼或草鱼的鱼肝）等。"煎"的目的在于破坏原料的外表皮，减少导热的阻力，便于吸引卤汁。"煎"完了再"烧"就叫"煎烧"。

本帮菜的"红烧"并不是
"左手酱油瓶、右手糖罐
子"这么简单

潜台词一一分辩清晰都很不容易。

咱们先来说说最常见的"红烧"。

弄堂里的阿婆姆妈们往往在红烧之前，习惯性地先将主料在油里煸一下，然后加汤水调料大火烧开，文火焖烧。这种做法虽然极有人间烟火的温情气息，但却显然不够专业。在本帮菜的传统烹饪技法中，这里头的名堂经显然还要细腻许多，而且也显然不是"依样画葫芦"的"左手酱油瓶、右手糖罐子"这么简单。

按照预处理过程的不同，"红烧"是可以细分为"煎烧""煸烧""炸烧""拉油烧""落汤烧"这么几个细类的。这是因为不同质地的原料所需的预处理过程不一样，成菜以后的外观质感和内在的口感、味感不同。具体说来，这些预处理步骤里的技法如下：

"煎"一般用来对付细嫩新鲜的原料，比如青鱼、草鱼、鲫鱼、鳊鱼、黄鱼、塘醴鱼（含有大量明胶类蛋白质的鱼，如鳗鱼、鲴鱼等除外）、大明虾、肉末制品、部分内脏（如青鱼或草鱼的鱼肝）等。煎的目的在于破坏原料的外表皮，减少导热的阻力，便于吸引卤汁。煎完了再烧就叫"煎烧"（以下类同）。

"煸"看上去很像煎，但实际上不同，煎是针对原料的某个局部重点进攻，而煸则是对原料进行全方位的进攻，它主要针对切成块状的禽肉、畜肉、豆制品、块根类蔬菜等，比如鸡骨酱、八宝辣酱、素什锦这类菜式就得先煸透再烧。煸的主要目的也是为了使原料便于吸收卤汁。

以上两类是用油量相对较少的预处理方法。

"炸"又不同了，它对付的原料，是那些表皮必须要经过特殊破坏性处理的。比如走油蹄髈、走油肉、五香鸭、糖醋排骨、黄浆（也有称为"黄酱"或"黄雀"的，它是指用豆腐衣和百叶将肉末卷裹成长条，炸脆表皮后焖烧）等菜式。它的目的是用较为猛烈的加热方式，改变原料表皮甚至内部的质地，使之更适宜于后期的焖烧入味。

"拉油"是指用较低的油温使质地细嫩的原料均匀断生，且不至于失水过多，实际上是用油来焐熟原料。比如虾仁什锦、墨鱼大烤、烧菜心、烧花菜等菜式需要用拉油这种预处理手法来烧。

以上两类是用油量较多的预处理方法。

"落汤"与上述四种手法都不同，它指的是原料完全不可以用高温的油对其内

煸烧

"煸"看上去很像"煎"，但实际上不同，"煎"是针对原料的某个局部重点进攻，而"煸"则是对原料进行全方位的进攻，它主要针对切成块状的禽肉、畜肉、豆制品、块根类蔬菜等，比如鸡骨酱、八宝辣酱、素什锦这类菜式就得先煸透再烧。"煸"的主要目的也是为了使原料便于吸收卤汁。

炸烧

"炸烧"所对付的原料，是那些表皮必须要经过特殊破坏性处理的。比如走油蹄髈、走油肉、五香鸭、糖醋排骨、黄浆（也有称为"黄酱"或"黄雀"的，它是指用豆腐衣和百叶将肉末卷裹成长条，炸脆表皮后焖烧）等菜式。它的目的是用较为猛烈的加热方式，改变原料表皮甚至内部的质地，使之更适宜于后期的焖烧入味。

部和外部进行任何破坏性预处理，这种原料一般为已经经过煮熟加工的半成品，比如红烧肉、红烧圈子、红烧面筋等。

上述5种红烧方法都只说了个大概纲要，这里头的细节还包括，它们虽然经过不同的预处理，但一般都要经过旺火烧开，文火入味，再大火打芡收汁的过程。而打芡收汁里的名堂又会根据不同的菜式有着不同的要求。

好吧，我们且不管那么多。把煎烧、煸烧、炸烧、拉油烧和落汤烧全部加在一起，就是本帮的"红烧"了吗？

大致是这样的。但是，还有很多被其他帮派视为红烧的技法，上海人是不称为

红烧的，它们还有更为细腻的分法，上述本帮厨艺里的红烧其实只是一个基本功。

再往下就复杂喽。

比如"焖烧"在本帮菜中就是有别于红烧的专门的一类烧法。焖烧不同于红烧的最大一个区别，是它完全不用大火，从头至尾都是用文火。它主要对付的是那些肥、浓、鲜且质地较老韧的原料，比如牛肉、羊肉、猪脚、牛蹄、猪尾、牛尾等。

焖烧中又可以再细分为香焖、酿焖、黄焖、红焖、油焖、酥焖6种。

就拿香焖来说吧。香焖说的是在烧焖的过程中，加入香味芬芳馥郁的调味料一起焖烧，比如贵妃鸡中要加入红葡萄酒。

1

"炸烧"之走油蹄髈，要先煮后炸，而炸后的蹄髈要在凉水里浸一下，这样才烧得入味

2

"落汤烧"之红烧鸡圈肉

1

2

其他的也诸如此类……

总而言之，"焖烧"里面的这6种二级菜单式的细节又是各有花头经的，就像刚才红烧里的要求差不多。

怎么样？现在你快头晕了吧。这还没完呢，下面还有的几个大类，它们分别是干烧、扒烧、封烧、烤烧、酱汁烧、汤烧、家常烧、打油糊烧。这里的每一个大类别也都是像上面一样，有着相当细腻的二级菜单。

好吧，这就够复杂的了。但就算你终于学完了上述这么多纷繁复杂的烧法之后，最后等着你的，还有一个最难的烧法，那就是"自来芡烧"。

"自来芡烧"在其他帮派中，是归于软烧之中的，但本帮菜中却把它独立出来，因为这种技法几乎是对厨师的刀功、火功、调味的一个全面考核，没有硬碰硬的实在功夫，是做不好这一大类菜式的。

只是不做本帮菜的人往往不太明白，红烧鮰鱼、红烧河鳗、红烧甲鱼、红烧鳝段这不都是红烧吗？怎么又多出来一个自来芡烧？

其实，无论从外观还是基本步骤上来看，自来芡烧法和红烧法都差不多，只是业内人士才知道这两者的技法要求差距有多大。而对于外行们来说，就不必这么麻烦了，统统都叫它红烧好了。

拉油烧

"拉油"是指用较低的油温使质地细嫩的原料均匀断生，且不至于失水过多，实际上是用油来"焐"熟原料。比如大烤、烧菜心、烧花菜、虾仁什锦等菜式需要用"拉油"这种预处理手法先将原料焐透，然后再烧。

落汤烧

"落汤烧"与上述四种手法都不同，它指的是原料完全不可以用高温的油对其内部和外部进行任何破坏性预处理，直接下锅放调料和汤水去烧。这种原料一般为已经经过煮熟加工的半成品，比如红烧肉、红烧圈子、红烧面筋等。此外，河鳗、鮰鱼等表皮需要保留完整的原料也要落汤烧。

烂糊肉丝是典型的"打油糊"烧法的菜式

"烧"这个字的潜台词可能还不是上述这些啰啰唆唆的术语可以涵盖得了的，这些都是表象的层面。更深入的潜台词还在于，烧对于本帮菜来说，实际上意味着你对于"精致版的下饭小菜"的理解有多深。

所以，要把一道小菜烧好，真的是很不容易的!

打油糊烧

"打油糊烧"是本帮菜中的一项独特技法，它指的是将原料焖烧后，上芡着腻，形成糊形，然后将热油推打搅拌入芡汁中，使芡汁发涨，这样不仅看起来更为光洁，而且吃起来也更为醇腴。而按照原料性质的不同，打油糊烧又可以按芡汁的浓度不同，分为包糊、裹糊与围糊三种。

"炒"与"烧"

在中式烹饪技法中，"炒"是油烹法，旺火速成，而"烧"是水烹法，文火慢炖。但一个很有意思的现象是，早期本帮菜里，炒和烧这两个原本截然不同的烹饪技法竟然是混为一谈的。比如今天的红烧肉最早在上海的名字就叫"炒肉"（类似的命名法还有炒鱼豆腐、炒圈子等，实际上都是红烧）

"炒"是油烹法，力求旺火速成

假想一下，如果当时一个鲁菜师傅来上海掌勺会是多么尴尬，当客人点完炒肉后，他所理解的，很可能是抓炒里脊、清炒精片这样的急火菜式，但吊诡的是，事实上一个上海客人所要的偏偏是红烧肉这样的文火菜式。

但问题是，上海人为什么炒、烧不分呢?

这可能与当时厨师这一行的人文化水平普遍不高有关，但更有可能的是一种约定俗成，那就是在本帮菜的理念中，用烧这种技法做出来的菜式，不可以像其他帮别的那样汤汁淋漓，而要像炒出来的菜那样清清爽爽，卤汁要胶稠地裹在主料的外面。本帮行话曰：烧不离炒，就是说，烧出来的菜式，最后一定要用大火来进行收汁，像炒出来的菜一样。

反过来也一样，烧不离炒的另一面，就是炒不离烧。

本帮名菜中有很多名为炒的菜式，比如炒鳝糊、炒蟹粉等，这样的菜式虽然总体上是用炒这样的烹饪工艺来做的，但它必须有一步带汤水的焖烧入味的过程。只是最后成菜时，这些汤水已经耗得差不多了。

在其他菜系帮别看来，烧不离炒和炒不离烧是不可理解的，但在本帮菜里却天经地义一般合理，因为本帮菜的要求与众不同，它要求入味且好看、实惠且精致，既要面子、又要里子。这就决定了菜肴的烹饪工艺也必须满足这样的消费心理。

烧不离炒是为了成菜的美，汤汁淋漓的菜式必然不够浓郁，也不可能像浓油赤酱的胶稠芡汁那样美观，这就是它的合理性。

而炒不离烧是为了成菜的味感达到有

拆蟹粉

蟹粉类菜式中，最费时费工的一步工序就是拆蟹粉。而拆蟹粉的工钱差不多等于螃蟹本身价格的1/3。

拆蟹粉是项精细的活，一般厨房里不用所谓的"蟹八件"，仅剪刀、擀面杖、剔针三样足矣。拆下来的蟹粉必须要按品类不同进行分档取料式的堆放。一般来说，蟹粉还可以再细分为"蟹膏"（雄蟹的副性腺）、"蟹黄"（雌蟹的卵巢和消化腺）、"蟹柳"（蟹腿肉）、"蟹钳肉"、"蟹斗肉"这么几个部分。

蟹粉豆腐用的是除蟹膏外的全蟹粉（蟹膏最为名贵，一般用来单独做菜）。

1

"烧"是水煮法,必须文
火慢炖

2

"炒不离烧"之清炒鳝
糊,必须要有"焖烧入
味"的过程

1

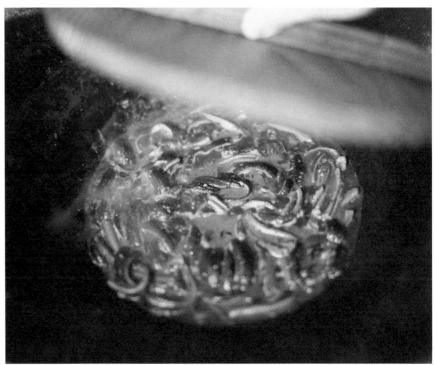

2

效的复合。如果在炒菜中，不用文火烧它一下，味道是渗不进主料里去的，这样的菜式在味感上必须寡淡，这种不入味的菜当然不能够达到"下饭"的要求，这就是炒不离烧的工艺合理性。

当然，这两句厨谚还是有一定的模糊性的，因为它并不是一个放诸四海而皆准的原则，某些具体问题还是要具体分析的。

比如：烧不离炒的适用性虽然比较宽泛，差不多各种烧的菜式都需要一个旺火收汁的炒的过程。但这时候的炒不是指用油来炒，而是指火候条件与急火炒时很相似，而且成菜的样子像是清清爽爽的炒出来的菜。但实际操作时，这个炒的过程是与晃锅、翻勺（大翻勺、小翻勺）、补油、淋响醋（起锅前放的少量的醋称为"响醋"）等具体的细节步骤连在一起的，也就是说，烧不离炒的那个炒字实际上是有许多潜台词的，这些潜台词是根据不同的菜肴的成菜质地要求来决定的。

而炒不离烧就有点复杂了，不是所有的炒菜都适用于这一招的。本帮菜中也有很多清炒类的菜式，比如清炒虾仁（水晶虾仁）、炒虾蟹、芙蓉鱼片这样的菜式，如果对成菜的鲜嫩度和细腻度有一定的要求，那么就不能再画蛇添足地再烧它一回了。本帮菜中的炒不离烧有两个前提：一是这种炒菜中是放酱油和糖的；二是主料在加热的过程中是允许有一个入味的红烧过程的，如果不符合这两个条件，那么炒不离烧这句话就不管用了，操作时还是照旺火速成的方法比较好。

不管是烧不离炒，还是炒不离烧，其实都反映了本帮菜对于成菜的入味要求，这两者的本质，其实都是与菜肴是否"下饭"直接相关的。

这只是本帮技法中最基础的一步，关于入味，更复杂的潜台词还有很多，我们还得再往细里深探。

千烧不如一焖

从现代中式烹饪理论来看，烧和焖是两种极其相近的烹饪手法，它们都是水烹法的一种：

烧指的是将预制好的原料，在铁锅中加入适量的汤汁和调料，用旺火烧沸后，改用中、小火加热，使原料适度软烂，而后收汁或者勾芡成菜的多种技法的总称。

焖是指将加工处理好的原料，在砂锅中加入适量的汤汁和调料，盖紧锅盖旺火烧开，改用中小火进行较长时间的加热，待原料入味后，留少量味汁成菜的多种技法的总称。

看上去差不多是不是？好吧，我们来看这两种技法的区别。

从原料上来看，烧对原料的要求比较宽泛，无论是比较老韧的原料（如野生的鱼）还是相对不太费火的原料（如草鱼、青鱼、鲫鱼等）都可以用烧这种技法来使之入味，并改善它们的口感；而焖的主料一定是经得起较长时间加热的坚实质地的原料，比如牛肉、冬笋、茭白等。

从成菜上来看，烧要求成菜卤汁收得

下巴划水

下巴划水，始于清末时的同治老正兴。它是以菜的用料和形状取名。

青鱼是我国特有的一种淡水鱼，富有营养。清代时，青鱼既是制作菜肴的佳品，也是食疗的补品。清《随息居饮信谱》记载："青鱼……可脯，可醉。古人所谓五侯鲭即此。其头尾烹食极美，肠脏亦肥鲜可口。"清末时，无锡和上海已盛行食用青鱼。老正兴菜馆便取用青鱼的各个部位分别制菜，有"烧头尾""青鱼肚档""青鱼秃肺""汤卷"等各种菜肴，其中取用下巴和鱼尾烹制的菜肴最嫩最肥，因形似两爿整块的下巴，趴在鱼尾两旁，似活鱼浮在水面划水一样，所以取名为"下巴划水"。

"焖"是指将预处理好的原料加入汤汁和调料，旺火煮沸后改用中小火持续加热，入味后留少量味汁成菜的技法

较紧，而焖则对汤水是否收紧要求不高。

两者最大的区别在于：烧是要讲究火候的文武变化的，而焖则不然，它一般是文火用到底。此外，烧的过程中，是可以开锅盖的，但焖是不可以的，否则就不能叫做焖了。

那么，本帮菜里所谓的千烧不如一焖到底该怎么理解呢？

我们必须指出，这句厨谚的出处是不那么严谨的，当时中式烹饪的理论还远远没有今天这样完善，许多术语名词的定义还是比较模糊的。不过我们必须要揣摩透当初这句厨谚的出处以及它当时的语境。这就要结合具体的烹饪操作步骤来看了。

本帮菜语境中的烧实际上指的是红烧和软烧（烧中还有一个分类叫干烧），在本帮菜的概念中，它要求菜肴的主料、辅料和调味料在合适的火候下最终形成一个复合味，与此同时，它还要求在充分改善主料口感的前提下，使成菜的味道有效地

1
在中小火焖烧的阶段，是
万不可以揭开锅盖的

2
"黄浆"这道菜，是本帮
菜黄焖的代表作

1

2

复合起来。

这些烹饪工艺学的术语好像有些绕口，我们还是换做大白话来讲吧。

首先，主料、辅料和调味料必须一次放准，不得中途加减。以红烧肉为例，五花肉块是主料，辅料可以是笋块，调味料是酱油、白糖、绍酒、米醋（宝山帮这一支的会再加少许的八角和桂皮，现在改良版的本帮红烧肉也有再加点啤酒的）。这些料包括汤水要一次性全部放到锅里去。这是需要有点经验的，刚开始烧的时候，因为带着汤水的缘故，所以此时无论菜肴的颜色还是味道都是相对偏淡的，你要在这个时候就判断出最终成菜时的样子，万不能烧到一半时，再加点酱油或者糖，因为如果这样做的话，原来的主料、辅料、调味料已经复合一半了，你再加进来的调味料已经错过了"创始阶段"，已经不能有效地融入这个味道集体中去了，这就叫"夹生味"，这和强扭的瓜不甜是一个道理。

其次，本帮红烧的大部分菜式一般都要求旺火烧开后，转入中小火焖烧若干时间（视食材的质地而定），在这段中小火焖烧的时间里，是万万不可以揭开锅盖的，千烧不如一焖实际上指的是这一段，它的实际含义只是为了重点强调一下焖的重要性。因为如果这时候把不住心性，揭开锅盖看一下稠度或者因为没把握来尝一下味，这时锅里的压力和温度都会发生改变，味道在锅里复合的进度就被人为地打

断了。如果用曲线来表示这种压力和温度的话，你就会发现它忽然断掉了，当你重新盖上盖子时，它得重新再来一回，这样味道的层次就紊乱了。这个缺陷很可能会被老到的食客从成菜的质感和味道两个层面上鉴别出来。

再次，千烧不如一焖也并不是绝对的，它实际上是可以分成几个节点的，当菜肴在锅里烧到某一个阶段时，这是有一个相对固定的平台的，这时候可能会视情况揭开一下锅盖，进行补油，这时候补进去的油，与味道基本上是不相干的，它只是为了改善成菜的光亮程度而已。但问题正在这里，何时可以揭开锅盖实际上是红烧菜式最关键的一步。以红烧鱼为例，刚开始时旺火烧开，接着转为中小火，因为这时候鱼块刚刚断生，还比较结实，所以火候可以定为中小火，这时候鱼块开始和酱油、糖等调味料复合了，这段时间内是万万不可揭开锅盖的。因为这是一个自然而然的复合过程，一揭锅盖，锅里的压力和温度就会改变了，你就打断了这个自然的过程。这是千烧不如一焖的基本道理。

但你要用经验来判断一下，当味道初步进到鱼块内部后，接下来鱼块已经熟透了，再往下就往酥烂这一步转化了，这可是会影响成菜的质感的。所以，这时候就要转为文火了。而从中小火转为文火后的一段时间，食材的状态是相对固定的，它有一个短暂的平台期，这时候要补点油进去，因为如果不补油，卤汁就不够稠滑，

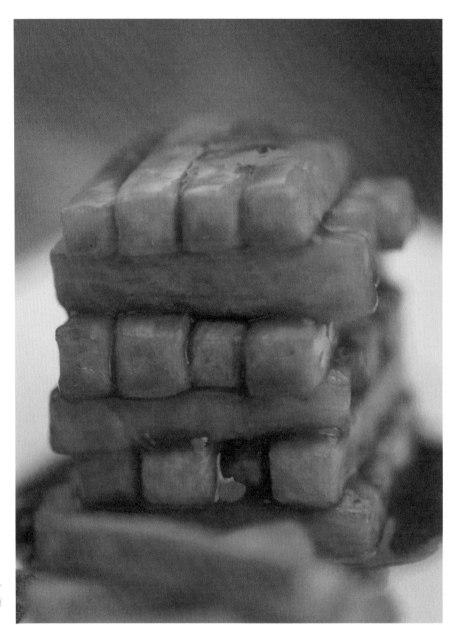

油焖茭白成菜的这种古朴的摆盘手法叫做"一颗印"

而补早了又不利于调味料入味。补了油之后，进入下一个缓慢的味道复合阶段，这段时间又得耐住性子去焖了……这就是"两笃三焖"背后的科学道理。

此外，当菜肴完全入味后，是必须要揭开锅盖，边晃锅边大火收汁的，这会儿就别理什么千烧不如一焖了，这会儿烧的任务基本上结束了，收汁才是最重要的。

所以，本帮厨谚中的千烧不如一焖是有着一定的模糊性的，一方面，它指出了红烧入味的关键在于焖烧入味，但同时，烧毕竟不是焖，它是要讲究火候的文武变化的。

中式烹饪是一门"时"和"空"的艺术，它的分寸感难在如何依照烹饪的规律去把控在最恰当的时候做最恰当的事。这就不是菜谱所能够写得下来的了，就像是学骑自行车一样，如何在速度与平衡中把握好那个度，是要靠练习的，不亲自去骑一下，不摔它几个跟头，靠坐而论道是不可能学会骑自行车的。

既简捷明了，又模糊复杂，这就是中式烹饪的艺术魅力。它的背后反映了中华美食文化道法自然的朴素哲学观。

勾芡的境界

本帮菜的生命力在于，一方面，它都是些看上去很家常的"下饭小菜"；而另一方面，从外观质感和内在的味感上，它又是极富诱惑力的。这些精致版的下饭小菜之所以诱人食欲，很大程度上取决于芡汁的功夫。

在中式烹饪技法中，勾芡只是成菜之前的一个辅助手段，它的主要目的在于利用淀粉的糊化使卤汁产生透明的胶体光泽，但对于以下饭为主要目的的本帮菜来说，这一步小技巧却有着重要的意义。对于基本功已经过关的厨师来说，一道菜的境界之别，往往在于如何处理勾芡的分寸。

在烹饪工艺学理论上，芡汁分为厚芡和薄芡两大类，其中厚芡中有包芡与糊芡之分，薄芡中有流芡与玻璃芡（也称米汤芡）之别。本帮菜的不同菜式对于芡汁所需要达到的质感要求是不一样的——

在八宝辣酱中，芡汁重在包紧主料，兼顾稠滑，这是最厚的一级包芡。

在响油鳝糊中，芡汁重在厚滑，稍带粘连流动，这是其次一级的糊芡。

在蟹粉豆腐羹中，芡汁重在光洁明亮，温润如玉，这是再次一级的流芡。

在三鲜酸辣汤中，芡汁重在改善质感，微带黏滑，这是最次一级的玻璃芡。

这些勾芡的技法都要用到淀粉，但这可不是用水淀粉勾芡这么简单。

在烹饪技艺上，勾芡的要点主要有4个：

一、掌握好勾芡时间，一般应在菜肴九成熟时进行，过早勾芡会使卤汁发焦，过迟勾芡易使菜受热时间长，失去脆、嫩的口味。

二、勾芡的菜肴用油不能太多，否则卤汁不易粘在原料上，不能达到增鲜、美形的目的。

三、菜肴汤汁要适当，汤汁过多或过少，会造成芡汁的过稀或过稠，从而影响菜肴的质量。

四、菜肴勾芡之前，必须先将菜肴的口味，色泽调好，然后再淋入湿淀粉勾芡，才能保证菜肴的味美色艳。

但如果大家都这么四平八稳地做菜，那还有什么风味特色的区别呢？勾芡的功

"精致版的下饭小菜"之
所以诱人食欲，很大程度
上取决于芡汁的功夫

夫具体到本帮菜传统烹饪技艺上，还有着许多鲜为人知的绝活。

我们先来从调芡汁上来看：

本帮菜的芡汁功夫中有明油芡与暗油芡之分。

明油芡很简单，一般是炒菜或红烧类菜式在下水淀粉勾芡后起锅前再淋点明油，也叫包尾油，这样成菜看起来明油亮芡，锦上添花；但暗油芡外人一般不知道，比如烂糊肉丝的勾芡，它要求成菜看起来汤面平滑，不冒一丝热气，但入口之后，又烫又鲜，口感熨帖爽滑，这种封热的技巧就在于它先要将化后的熟猪油与水淀粉充分搅打均匀后，再淋入汤汁中，这

"蟹粉豆腐" 这道菜，用的是 "流芡"

样猪油和芡汁会有效地封住汤面。

此外，芡汁本身又有清芡与味芡之别。

清芡就是淀粉加水和成的芡汁，这是最常见的手法，它要求成菜已经和好味，最后加入水淀粉勾芡。

而味芡指的是将调味料一起调进水淀粉中去，它适用于一些旺火速成的清炒菜式中，比如早期的本帮菜中有炒猪肝、炒腰花等菜式，这些菜式成菜时间极短，来不及下调味品，所以要事先将调味品调到水淀粉中去，待主料成熟之后，调味勾芡一步完成。

从勾芡的手法上来看：

中式烹饪中常见的泼芡、吊芡、淋芡、推芡都是厨师的基本功。本帮菜对下芡的手法要求颇高，它往往在具体的操作技艺上有许多独特的心得。其中较为独特的一种，业内称为 "二次勾芡"。

比如响油鳝糊的芡汁功夫，这道菜的原创版本是徽菜中的清炒鳝糊，勾芡时是成菜前的一次性淋芡（辅以晃锅、翻

"荠菜烩蘑菇"这道菜，
用的是"玻璃芡"

勺），但本帮菜中却用了二次勾芡的技
法，其中第一次是厚芡，用泼芡法下锅，
此时有意将这一批芡粉在锅里炒出局部焦

煳味来，要知道这时候的芡汁已经僵化干
枯了，但本帮风味要的就是这般焦煳味，
这样当然是不能出锅的，厨师会在糊香味

生成后，用吊芡法将较为稀薄的清芡再次淋入锅中，这道芡才是最后用于美化菜肴的。这种二次勾芡的功夫往往会使菜肴的复合味更加浓郁。

从芡粉类别上来看：

本帮菜中所用的芡粉本身也往往是经过二次加工的。比如油酱毛蟹，这道菜常见的手法就是用淀粉调成特别厚的糊状下锅，但鲜为人知的是，本帮厨师会先用面粉炒香做成炒面，这样会有一种骨子里的焦香味，然后再调稀它下锅打底子，这种炒过的面粉当然不会有很好的粘连性，但它会有效地给味道一个沉着厚重的底子，等到毛蟹入了味，再用泼芡法再勾一次芡。

比这些更复杂的是芡粉本身还可以再细分为玉米粉、小麦粉、土豆粉、马蹄粉、芡实粉、菱角粉、藕粉、糯米粉之别，不过这里面的技巧就过于冷门了。

勾芡在本帮菜传统烹饪技艺中所占的地位是相当重要的。

它像水墨画那样讲究浓淡与分寸；

它像围棋象棋那样讲究步骤与节奏；

它像兵法武术那样讲究精准与力道。

就像唱腔之与戏曲、曝光之于摄影、气韵之于书法一样，勾芡之于本帮菜是一种难以言传，但却又真实存在的境界。

因为细腻和复杂，也因为传神和精妙，所以勾芡作为本帮传统烹饪技艺的一项常见而又不寻常的技艺，才有它独特的魅力。

可以毫不夸张地说，本帮菜厨师的高下之别，往往就在勾芡的水平上，因为做菜只是项技术，但勾芡却绝对是门艺术！

自来芡的奥秘

本帮菜中的勾芡本身已经是一项难以把控的技术了，但勾芡是要用淀粉的，而本帮业内最值得称道的，却是不用芡粉的自来芡功夫。

可以这么说，自来芡是所有本帮师傅厨艺经验的一块试金石。

自来芡是什么意思呢？那就是成菜毋须勾芡，完全靠这道菜的主料、辅料和佐料在适当的火候条件下，近乎天然地合成一种浓厚细腻、如胶似漆的黏稠卤汁。上海人称这种质感为"像涂了一层蜡克"。

本帮红烧的许多菜式如红烧肉、红烧圈子、红烧鱼、红烧河鳗等都是要用到自来芡技法的。可以说，自来芡技法是本帮菜传统烹饪技法中，最值得向业内同行骄傲和自豪的一种烹饪技法。

自来芡虽然"妙处难与君说"，但它也是有一定的规律性的，当然，把握了这种规律性不见得就会做出来，但至少我们可以指出一条通往成功的捷径来。

形成自来芡需要具备这样三个条件：

其一，食材本身富含脂肪；其二，调味品（主要是酱油、糖和水）必须一次放准；其三，火候把控必须恰到好处。

这三者既相辅相成，又缺一不可。因为实际操作中，这三者是随时变化的。

自来芡烧

所谓"自来芡烧"，是指原料经过焖烧后，不着粉芡，将卤汁自然收稠呈胶体状。在其他帮派中，"自来芡烧"是归于"软烧"之中的，但本帮菜中却把它独立出来，因为这种技法几乎是对厨师的刀功、火功、调味的一个全面考核，没有硬碰硬的实在功夫，是做不好这一大类菜式的。

"自来芡"之冰糖甲鱼，上海人称这种质感为"像镀了一层蜡克"

食材本身的质地是紧实还是松软、酱油和糖和脂肪的融合在多大程度上刚好柔腻为一、火候控制如何把握文武变化，这些都不可能用所谓的"标准化"来定量规范，这些分寸只能用厨师的经验来进行判断和把控。

这就是这种"自来芡"技法最神秘的地方。

我们来分解一下自来芡形成的几个关键节点：

一、初步成熟阶段

当主料（这里不谈辅料，一般自来芡烧法也不用或很少用辅料）和调味料下锅之后，一般用大火烧开，因为原料这时候还是生的，所以它经得起较大的火候。但一旦它初步致熟之后，就不能再用大火了，因为过于猛烈的火候会破坏掉主料内部的质地，它会在沸腾的汤水里很快地瓦解崩溃，这一步的目的只是为了使它达到复合的基本平台上，同时使得原料里的脂肪迅速地乳化。

二、味道复合阶段

这一步改为文火是有讲究的，一般来说，火力的要求是文弱且均匀，换句话说，就是"温柔而又坚定"。因为只有均匀文火，才会使汤水中的主料和调味料始

红烧鲷鱼是"自来芡"烧法的代表作之一

"自来芡"之锅烧河鳗，
卤汁要"如胶似漆"

终处于一个恒定的状态中，进而才会有效
地慢慢复合成一种全新的味道，此时，汤
水中的油脂与酱油以及糖开始柔腻为一地
合成为一种胶状体，这种液体一开始是较
为稀薄的，因为主料中的油脂还没有完全
释放出来，随着主料中的油腻和胶原蛋白

的缓慢析出，它会自然而然地与酱油和糖
结合生成一种胶体，这个过程不能急，只
能慢慢地在一个恒定的氛围下让它自己生
成，所以不能揭开锅盖，也不能变化火
候，更不能中途加水加料，这时候最需
要的是"坚守"，因为它们正在慢慢地

孕育生成一种全新的胶状物质，一旦打破这个氛围，这个自然而然的过程就不存在了。

三、收汁阶段

当文火焖烧到一定阶段后，这时候主料里的胶原蛋白差不多已经有效析出，且与酱油和糖进行有效复合了，这时候的唯一问题是汤汁还不够浓稠，也就是说，它们已经合成好了，已经完全进入了一个新的状态了，只是不够稠而已。这时候就可以揭开锅盖将汤汁收稠了，当然，这时候的主料一般都已经酥软了，所以在开大火收汁的时候，一定要晃锅散热以避免汤汁沸腾折腾坏主料。直到汤汁浓稠到"如胶似漆"且像油脂一样包紧主料时，就可以推出锅来装盘了。

看上去很简单是不是？

这只是个原理而已，实际上这里的变化还多得很呢。

首先，汤水和佐料一定要放准，这不是一句空话。因为中途是不允许加汤加料的，道理先前已说过了，须知下锅时汤水的味道和颜色都是较淡的，厨师要在这个时候推断出它收紧了之后的味道和颜色如何，这一步不容易吧。

其次，主料是否需要经过预处理，这也很重要。因为自来芡烧法最重要的是让主料自然地析出其中的胶原蛋白和脂肪，所以是否需要经过焯水、蒸煮、煸炒，以及把它们预处理到什么样的状态就显得很重要了。这一步也不容易吧。

再次，许多主料中的脂肪含量并不一定都是足够多的，要形成自来芡，就要补点油脂进去，但我们刚才讲过，这个复合的过程是一个自然而然的过程，只有等它到了某个相对稳定的状态时，才能开锅盖补油，那么何时打开锅盖，补多少油进去，补多少次油才算是刚好。这一步就更不容易了。

此外，收汁收到什么时候出锅也是有讲究的，如果在锅里收到卤汁包紧在主料上"如胶似漆"了，那就过头了，因为装盘还是要有一点时间的，这时候锅还是热的，尽管你已经离了火，但主料还在加热过程之中，收汁完全到了位再去装盘，往往会发现盛起菜来就卤汁偏干了，那种胶滑油亮的感觉已经过了气了。所以最后不能完全收汁到位，得稍微留下一个"气口"来，才是刚好，但这个度的把控也不是嘴上说说那么容易的。

更为复杂的是，主料的质地不同，火候变化的设计方案也就不同，即使是同一道菜（比如红烧肉）偏肥一点的和偏瘦一点的五花肉对火候的要求也是不一样的。这就更没法用标准做法来固定下来了。

当然，自来芡技法中还有更为微妙的地方。

比如最佳的自来芡手艺，是在经过文火的焖烧之后，汤汁已经自然收紧了，不需要再经过一道旺火收汁的过程，这种自来芡效果是最完美的。不过这一步即使是大师也未必每次都能达到，因为它要求下锅时汤水与主料的比例刚刚好，恰当的火候、时间也正好把多余的汤汁耗掉，调味品也放得不多不少。这是需要很丰富的灶台经验的。不光是能够使用透气的木头锅盖那么简单。如果没有丰富的经验，最好还是不要依样画葫芦地学着用木头锅盖，因为木锅盖这种"兵器"对功力的要求是很高的。

味觉艺术就是这样，一方面它看上去简单质朴，而另一方面它又极富变化。自来芡作为本帮红烧最具特色的技艺手法，也有一个从了解"变易"到把握"不易"的过程，只有当你修炼到一定层次的时候，你才能以不变应万变。

糟香的秘密

如果说红烧类菜式是本帮菜这部大戏的当家主角的话，那么糟醉类的菜式就是其中活色生香的头号配角。糟醉是本帮菜中除了浓油赤酱之外的，最值得大书特书的一篇大文章。

糟醉类的菜式在本帮菜中几乎涵盖了冷菜、热菜、汤菜等所有红案类别。冷菜中有糟猪爪、糟门腔、糟猪尾、糟肚尖、糟凤爪、糟鸡翅、糟带鱼；热菜中有青鱼糟煎、香糟扣肉、香糟鱼丝、糟氽；汤菜中有腌氽、糟钵头、糟氽鱼片、砂锅大鱼头等。这些上海风味特色浓郁的糟香类菜式，上海人统称为"糟货"。

可以武断地说，不懂得鉴赏糟货的人，不算了解本帮菜。因为糟货是上海码头文化对江南风味最大胆的融合。它赋予了上海这座新城市一种别样的"老到"感觉。它代表了海派文化既继承传统，又别出心裁的心态。

香糟其实只是一种味型，它只是烹饪技法中赋味手法的一种，这种手法与中式烹饪中的麻辣、椒盐、茄汁、五香等属于

生糟

"生糟"是将香糟泥包裹在生料的外面腌渍入味后再加工，可以视为原料的码味。

熟糟

"熟糟"就是将食材预先煮好，浸在清糟卤之中入味，可以视为卤菜的一种。

同一类型，从分类上来说，它并不是一种独立的烹饪技法。但因为香糟味型的菜式在本帮菜中的地位较为独特，所以本帮菜中往往把香糟味型的技法单列出来。

香糟味型大致可分为汤糟、熟糟与生糟三大类。

汤糟是所有糟货中最富有老上海特色的一类菜式。其经典名菜有糟钵头、砂锅大鱼头、糟熘鱼片、糟熘里脊（熘属于半汤菜）等。几乎本帮菜中的浓汤一类的菜式，都会用到汤糟法。而"糟熘"（本帮菜中称为"糟佘"）本是京鲁菜所擅长，本帮菜则在这一基础上更上层楼。

汤糟所用的糟卤，是用香糟泥和陈年花雕酒按1包香糟泥配4瓶花雕酒的比例混合成糟糊，然后再将这种糟糊用纱布袋滤出糟卤来，这叫"吊糟"。汤糟的吊糟一般不再加入八角、桂皮、香叶、甘草、小茴香这样的香料来吊，因为它要的就是糟香的那种醇厚，不需要过于复杂。在滚热的汤菜里，过于复杂的味道反而不能突出"糟香"的主题来。

用于浓汤中的汤糟一般不需要将糟卤吊清，吊成浑浊的糟卤就可以了。之所以吊成浑糟卤而不是清糟卤，是因为浓汤一类的菜式本来就浑浊，而浑浊的糟卤中会包含很多糟泥中的成分，这就使得汤中的糟香味更加浓郁醇厚。比如本帮经典菜中极负盛名的糟钵头就必须用浑糟卤来最终赋味。

需要说明的是，用于浓汤中的汤糟，一般是将主料先做成奶汤菜式，然后起锅前再放入浑糟卤，万不可将糟卤放得太早，因为香糟本是挥发之物，下得太早香糟味早就跑光了。

这里还有一个妙不可言的点睛之笔，那就是伴随着糟卤一起下锅的，还有青蒜叶或者韭黄段，从味道效果上来说，它们是最佳的汤糟伴侣。如果不放这些所谓的青头，那么香糟味型当然也还是不错的，但放下这些毫不起眼的小佐料之后，浓汤里的那种香糟味型就会立刻变得风情万

汤糟

"汤糟"是将浑糟卤配制好后，直接兑入汤菜，可以视为咸鲜味的后加味。

提起汤糟，不得不提本帮名菜糟钵头，这道菜原本始创于清嘉庆年间的川沙，原本这道菜就是"以钵贮糟"的一道猪内脏糟卤菜，相当于今天的熟糟类菜式。后来，民国年间的德兴馆将糟钵头这道菜改良成了一种带糟香味的半汤菜（同样是以各色猪内脏为主料）。这下一炮打红，沪上不少名人无不痴迷此味。

汤糟类经典名菜"糟钵头"

种、婀娜多姿起来。

　　汤糟还有一种变化，是用于半汤菜式的糟熘菜中的糟卤。比如糟熘里脊或糟熘鱼片。它们也是在起锅前放香糟卤的，但是因为这一类菜式要求成菜质感清爽，所以这时的糟卤就不能用浑糟卤了，必须要将糟糊完全吊清成为像绍酒那样清晰透亮的清糟卤。目前市面上所售的瓶装糟卤，几乎都是这样的清糟卤。

　　清糟卤也是最后起锅前再放的，但这里就不要再画蛇添足地放青蒜叶或者韭黄

段了。它所需要的味道点缀只是要放少许的糖，只要在清雅的糟香余味中品出淡淡的甜味来就可以了。这就像大合唱主要听的是和声的磅礴气势，而清唱主要听的就是演唱者细腻的音色变化，两者的侧重点是完全不同的。

　　熟糟是上海人最为常见的一种。

　　所谓熟糟，就是先将原料白煮致熟后，再以糟卤浸泡赋味，使之带有独特的香糟味而得名。用熟糟法做出来的菜，差不多可以理解为是一种"香糟味型的卤

熟糟类菜式，就是将原料
白煮致熟后，再以糟卤浸
泡赋味

菜"，本帮名菜中的糟钵头原来就是一道
熟糟菜式，只是后来改成了汤糟菜式。同
样的熟糟类名菜还有糟猪爪、糟门腔、糟
凤爪、糟毛豆等。

　　将原料预煮致熟，这个没什么可以多
讲的，记住洗干净、去异味、别煮烂这三
点就差不多了。但熟糟类菜式最讲究的，
是用什么样的香糟卤来浸泡白煮致熟的
主料，这里面的名堂就多了。因为它几乎
是这一类菜式最重要的赋味窗口，所以，
"糟卤香不香"从某种程度上来说，几乎

完全决定了这道菜是不是受欢迎。

　　那么熟糟菜式中的糟卤有什么样的花
头经呢？

　　首先，白煮出来的主料几乎是没有什
么突出的主味型的，它几乎完全靠浸泡它
的那个糟卤来呈味。所以这里用的糟卤就
要讲究味觉细腻、层次分明、暗香饱满。

　　具体说来，香糟泥里虽然已经用了许
多香料，但这种糟泥是底味，它相当于画
油画时的底色，这种味道是缺乏浓郁而鲜
明的个性的。因为熟糟菜式说白了，吃的

就是那个糟卤的味道，所以这里的香糟卤必须吊出味道上的独特个性来。

一般来说，熟糟法所用的糟卤里，除了香糟泥和花雕酒以外，还要加入较多量的葱、姜来一起腌渍入味，这样香味的底子才会更加醇厚。

此外，为了使熟糟菜式的味道更加富有个性，所以这时往往还要加入八角、桂皮、香叶、花椒、甘草、小茴香等香料，使得香糟的香味更加饱满突出，这里的学问就复杂了。

香料的配伍如同中药一样，讲究一个味性上的融合。八角、桂皮的味道比较霸道，这是主要呈味的香料。要控制它的分量，不要放得太多，能起香便可。味道上更为霸道的丁香、当归等香料是完全不能用的，它们一放进去就搅局了。

比起这些味道棱角比较鲜明的香料来，草果、豆蔻、砂仁、陈皮、香叶的味性要柔和一些，但不同的配伍（品种与比例）所达成的辅佐功效是不一样的，这就要看厨师对味道的理解了，这和画师调颜色的感觉差不多。

味性上再次一级的，是小茴香、甘草、山奈这一类的香料，它们往往属于"多一个不算多，少一个也不算少"那一种没脾气的香料。但它们的重要性往往在于它们会在香料组合里起到一种调和与中介的作用。在熟糟里，小茴香与甘草放得巧，虽然吃不出有什么特色鲜明的味道来，但加进去以后，往往会有一种余韵袅袅的悠长回味。

这些香料加什么不加什么，加多少分量是刚好，是见仁见智的，也许并没有一个最具有权威性的配方。

就像书法里的楷书一样，虽然风格大体相同，但还是有"欧、颜、柳、赵"之别。熟糟里的这种变化往往体现了本帮厨师在味觉艺术上的风格变化。

需要说明的一点是，熟糟的糟卤往往会在腌渍入味时，再放一些干桂花。这是因为熟糟的主料往往是比较"俗"的，比如猪肚、猪爪、门腔（口条）等，有了少许的桂花香，这种糟卤吃起来就会雅致许多，从某一个侧面来看也体现了上海受江南文化影响的精细之处。

生糟是本帮菜中几近消失的一种手法。

所谓生糟，指的是将生鲜原料先用糟糊裹起来腌渍，待完全入味后，再洗去裹在外层的糟糊，再用这种带有糟香味的主料进行烹饪的手法。

本帮菜中，生糟类的经典菜式有糟煎青鱼、糟籴、糟扣肉等。但这一类菜式在如今的各大本帮菜馆中已经很少见了。

生糟菜式与熟糟菜式最大的不同在于，生糟是先裹上糟糊使主料入味，而熟糟是将主料白煮好以后，再用糟卤浸泡入味。生糟类的菜式在腌渍入味后还要再进行下一步的烹饪加工，而熟糟类的菜式在清糟卤里浸泡入味后，就可以直接成菜了。

1
生糟类菜式最重要的一步
工序，就是看上去不那么
雅观的抹糟泥糊

2
生糟入味后切片待蒸的糟
扣肉

生糟的糟是糟香味型中手法最简单的一种，因为它用的是糟糊而不是糟卤，所以1包香糟泥配上2瓶花雕酒就可以了，这样调成的糟糊是较为稠厚的，而只有稠厚一些的糟糊，才会有效地裹在生鲜主料上。

当然，也有相对简便的手法，那就是直接用香糟泥和水调成糟糊；也有更复杂的方法，那就是像吊熟糟卤那样，放上适量的香料。

但这些其实都不重要，因为生鲜主料是吃不进太多复杂而细腻的味道的，所以这里不必过于花哨地讲究那么多配伍之道。这里只要完成"使主料在下锅烹饪之前，腌渍成为糟香味"即可。如果想要使味道的层次更细腻一些，不妨在主料腌进糟香味以后，在接下来的烹饪过程（如红烧、或干煎）中直接调味，这样反而更省时省料，而且也更为干脆果断。

"糟货"本是一篇小文章，但上海人把这篇小文章做大做足了。这种"于无声处起惊雷"的思维，其实正反映了海派文化"以我为主，借鉴创新"的二度创作的执着和细腻。

一个原本很普通的味型，也由此完成了一个从量变到质变、从孕育到重生、从平凡到不凡的过程。

而整个海派文化的美食史，其实都是在不同的层面不断地演绎着这样的幻化过程。

熟糟卤配方的小知识

熟糟卤的配方并没有一个统一的标准。

一般熟糟所用的清糟卤的配伍方案是：1包香糟泥配上4瓶花雕酒，再辅以适量的葱、姜、八角、桂皮、小茴香、甘草、干桂花。（至于花椒、草果、豆蔻、白芷、山柰、胡椒等香料，则属于个人风格，很难定性地用可以或不可以来描述）

生糟类的菜式往往有一股
透骨的糟香

本帮菜的
—————— 文化价值 ——————

我们常说一方水土养一方人，其实就是一方水土决定了当地的文化特质，

而这种文化特质物化在美食这个领域里，

就孕育成了这个地方的一种独特的烹饪审美理念。

本帮菜的本质特征，就是本帮菜的灵魂，事实上，就是一代又一代的

上海本地厨师脑子里都很清楚的那种思考问题的路数。

如果把"老上海的味道"看成是一篇大文章的话，

那么我们要看到本帮先贤们是如何下笔的，

他们如何选材、如何立意、如何找角度、直至如何修饰、如何完善等等。

总之，只有把本帮菜视为一个完整而鲜活的生命体，我们才能把这篇大文章做

好做透，除此以外的任何局部的解析手段，

都将会产生盲人摸象、各执一端的现象。

The Culture Value of
—————— Shanghai Cuisine ——————

As the old saying goes, "Each place has its streams in from all over the country."
In other words, our culture is determined by the environment around us which
gave birth to a unique cooking aesthetics of where we dwell.

The essence of Shanghai Cuisine is as well as the soul of it. Actually, it is the way of
Shanghai cooks having been thinking and exploring from generations to generations.
If we take "classic Shanghai taste" as a masterpiece, we should always see
those masters in the past and nowadays who have lifted their hands
and left the most majestic stokes on this great work.

In short, we shall treat Shanghai Cuisine as a complete living life so that we can clearly
understand its meaning and value.

"老上海味道" 的烹饪审美观

上海的本帮菜有着一种极其鲜明的地域特色，这种特色是在长达近百年的时间内，由一代又一代的新老上海人（包括厨师和食客）共同完成的一次集体创作。

那么这种风格特色是如何形成的？在它的形成过程中有没有可能遵循了某种规律呢？

如果我们找出这个风格形成的规律，那么我们就找到了上海本帮菜背后的思维形成过程，这为将来本帮菜的进一步发展无疑是有着重大意义的。

起：做"下饭小菜"的文章

本帮风味的定型是与上海这座城市早期的发展脉络有关的。

电视剧《亮剑》里的主人公李云龙有一段著名的台词："任何一支部队都有自己的传统，传统是什么，传统是一种性格，是一种气质，这种传统和性格是由这支部队组建时首任军事首长的性格和气质决定的，他给这支部队注入了灵魂。"

如果把上海这座城市里的人比作一支部队的话，这句话也是适用的。这支"部队"组建时的首任首长，就是开埠时的第一批移民。他们的性格和气质在很大程度上影响了上海这座城市后来的文化走向。

当时他们来到上海，是奔着美好的"钱途"来的。只是那会儿可没有什么职工食堂和连锁外卖，因此，吃饭是头等大事。最为这事犯愁的是那些开餐馆甚至是开小饭摊的老板们，他们要想把生意做得红火，就得为"最广大的人民群众服务"。而在相当长的一段历史时期内，上海移民的主要人群都是体力劳动者，不管他们如何闯荡上海滩，第一需求都是价廉物美地吃上一顿饭。

从上海开埠直至民国初年，上海的外来人口一直处于快速膨胀期之中，这种相对较为稳定的客源需求，在当时的上海造就了一道菜好不好的第一个标准——

那就是能否有效地"下饭"！

不要小看这一点，直到今天，上海人还常常把家常菜下意识地称为"下饭小菜"。

上海的外来人口一直是城市的源动力

　　既然是下饭小菜，那就不能用官府大菜的标准来进行衡量。那么下饭小菜有哪些具体的标准呢？

　　首先，味要浓厚。

　　因为如果味道过于清淡，那么不管你做的水平怎么样，它都不符合下饭这个要求，比如什么芙蓉鸡片、锅贴虾签、清汤鱼圆、三丝莼羹这类菜式，就算你做得很好吃，在当时的上海也没多大的市场，因为那是用来欣赏味觉艺术的，不是用来下饭的，老百姓的要求很简单，能下饭就好。所以早期的本帮菜中出现了许多像烂糊肉丝、肉丝黄豆汤、肠汤线粉、咸肉豆腐、炒鱼粉皮（红烧鱼块加粉皮）这样的

味要浓厚、菜要入味

菜式，以当时的物质条件来看，八宝辣酱这样的菜式用料就比较考究了（要用八种不同的主料），但是因为这道菜鲜甜爽辣，可以拌着饭来吃，因此也深受市民追捧。

这种追求浓厚的味觉风格，可以在早期的徽菜在上海极受欢迎上得到印证。因为徽菜发端于山区，那里的人体力消耗比较大，所以徽菜形成了"重油、重色、重火功"的风格特色。而无巧不成书的地方正在于，最早进驻上海的主力商帮就是徽帮商人，跟随着徽商这些衣食父母一起来

上海打拼的徽州菜馆原本是来给老乡们慰藉乡愁的，但徽菜的这种独特风格受到了当时上海市场的热烈追捧。

这就为后世本帮菜的走向定下了一个雏形："味重才能更下饭！"

其次，菜要入味。

下饭是一个比较笼统的说法，具体到操作上来说，"浓厚"不是多放点糖、醋、酱油、绍酒这些调味品就可以的，对于厨师来说，就是要把这些小菜做到入味。

入味实际上指的是食材与调味品充

菜要价廉物美

分进行了复合，复合的香味已经有机地渗入了食材，演变成了一种不同于生鲜食材的、全新的复合味。现代烹饪学上，一般称之为"自源味"，而与之相对应的，是"外挂味"。

比如糖醋小排是上海人非常喜欢的一道下饭小菜，经典的做法是将排骨炸过之后（炸也是为了方便入味）直接放较多量的糖和米醋（当然还有葱、姜、绍酒、

酱油），然后用文火慢慢烧到卤汁黏稠厚滑，这叫原汁原味。而现在不少餐馆是将排骨先煮熟了，客人点的时候，再加上糖醋汁翻炒均匀，使糖醋汁裹在排骨外面。前者是自源味，而后者属于外挂味，这就不算入味了。

入味作为一种审美习惯，实际上对具体的烹饪技法提出了要求。要把复合味烧到家，必须控制火候的文武变化，这样才

能使复合味均匀地渗透到食材的内部，而这就需要厨师充分理解食材的烹饪属性。

再次，价廉物美。

这一点毋须多言，因为当时上海餐饮市场的主要消费群体是各种体力劳动者，所以一道菜的取料一般是以生活水平较低的人为标准的。一个可以佐证的例子在于，早期本帮菜有不少品种都用到了猪大肠，这是猪身上最便宜的"下水"，尽管猪大肠异味较重，但如何去除异味那是餐馆分内的事，只要它卖得便宜，它就天然有市场。

当然，如果每家餐馆都在便宜的原料上做文章，那么谁更能"化腐朽为神奇"，谁就更能赚大钱，这也是当时上海餐饮市场上的一个原则。这就逼着老板、厨师对常见食材中最不起眼的那些食材进行反复研究。本帮菜风格最终能够走向"精致版家常菜"，当时的这种市场需求也是一个相当重要的原因。

总而言之，本帮菜的风格确立，是与上海这座城市的发展分不开的，这种脉络大致可以描述为这样的线路图：城市急剧扩张、人口急剧膨胀，餐饮业也随之产生了巨大的需求，在这块市场上，谁能把握住这种需求的主流，谁就能独领风骚，于是本帮餐馆不约而同地在最受市场欢迎的下饭小菜上做足文章，因而最终形成了亲民、实惠的风格。

下饭小菜对于本帮菜的意义是十分深远的，因为它直接给"老上海的味道"这篇大文章定下了一个最基础的选材范畴。接下来做什么文章，不做什么文章，一下子就明晰起来了。而这一步基础工作的确立使得此后若干年，一代又一代的本帮厨师得以有了一个共同的研究方向，这才会为后来本帮经典菜的集中诞生奠定了基石。

但仅有亲民实惠是远远不够的，这仅仅只是第一步，接下来，还有更深层次的文化因素在这其中酝酿发酵。那就要更细致深入地解析本帮菜风格的形成。

承：做"精致版"的"下饭小菜"

如果把"本帮菜的风格特色是什么"看成是一篇大文章的话，那么"做下饭小菜的文章"其实只是确定了选题，接下来，更重要的是文章的立意和角度，具体说来，就是下饭小菜的文章该怎么做才能做得好。这就必须要再回到上海文化的根子上去讲。

开埠之后的上海，在当时的中国是首屈一指的大都市，一方面这座城市得了风气之先；但另一方面这里也是西方思潮与中国传统文化交杂，社会矛盾尖锐，阶级对立严重的地方。

这是一个雅与俗，洋与土，先进与落后，阳春白雪与下里巴人，繁华灿烂与糜烂黑恶共存的地方。在农耕文化与城市文化的碰撞与妥协中，上海最终形成了"西

20世纪30年代上海

服与马褂""胡子与酒窝"的既矛盾又统一的文化性格,这种个性鲜明的特质表现在这座城市文化的各个侧面——

上海的画坛是国画、油画、版画、水粉画、水彩画,也是连环画、漫画与月份牌大行其道的地方。

上海的乐坛既诞生过《义勇军进行曲》《游击队之歌》这类黄钟大吕般的杰作,也诞生过《夜上海》《何日君再来》《天涯歌女》这样的流行小调。

上海的文坛既有茅盾、巴金、鲁迅这样文学巨匠的扛鼎力作,也有张恨水、包天笑、周瘦鹃这样的"鸳鸯蝴蝶派"的通俗连载小说。

……

总之,上海的海派文化是一个难以一言以蔽之的矛盾结合体,这种处处充满矛盾的文化性格赋予了正在孕育之中的海派文化一个相当鲜明的特色,那就是"实用主义"的"工具理性"与"理想主义"的"价值理性"并存,而"实用主义"对上海城市文化的影响相对更大一些。

这种文化性格当然也会映射到"老上海味道"的审美价值取向上来。

那就是"既要实惠,又要精致""既要流行,又要经典"。

既然"下饭小菜"最受市场欢迎，那么在这个领域里，谁做得更专业，谁就会赚到更多的利润。

换个角度来梳理一下本帮菜的历史，我们可以发现，本帮菜早期的风格与成熟期的风格相同之处在于它们都是在做下饭小菜，不同的是，早期的本帮菜相对偏重于实惠，而成熟期的本帮菜，则是在实惠的基础上再加上了一个精致。这是与海派文化的发展脉络完全一致的。

比如八宝辣酱是一道典型的下饭小菜，其鲜甜爽辣的味觉特色早在它原名还叫做"辣酱"时就已经有了，但"八宝"这两个字显然是后来才加进去的，因为进城做生意，总要讨顾客的欢心，八宝不仅叫得顺口，而且主料的丰富也为这道菜的口感加了分。

再比如扣三丝原来一直是用小碗来扣的，这种叫做扣蒸法的技艺原本在江南一带就很常见。但本帮菜厨师们后来发现，用碗来扣，成菜必然是一个馒头状的包，这样材料用得多，但精明的上海食客反而不会叫好，因为按照江南的食俗，汤菜往往是宴席中最后上来的，吃不了多少饭局就会结束了，所以用这么多的料反而"洋盘"。而将扣三丝在清汤盆里堆得细而且高，像不沾人间烟火气的出浴美人一样，这样才能符合上海食客"既要面子，又讲里子"的消费心态。

如果说"做下饭小菜的文章"只是确定了一张照片的视野框架，那么"做精致版的下饭小菜"就是这张照片的定向聚焦。到了这一步，本帮菜的风格走向才算开始清晰了。

那么，"做精致版的下饭小菜"这句话又包含了哪些潜台词呢？

（一）外表精致，"卖相"要好

上海人的优越感其实是与上海这座城市与周边其他地方的巨大反差中得来的，而上海移民较多，于是在大上海混得怎么样的一个标志，就是看你在多大程度上摆脱了原来的"乡下气"。于是"扎台型"就成了上海人生活中必不可少的一种实际需要。

反映在菜肴上：

油爆虾的卤汁要胶稠而且红亮；

红烧河鳗和青鱼划水的鱼皮万万不可破相；

红烧肉的块型要方方正正，最好能堆成整齐的九连方；

虾籽白切肉只能留下一根筷子粗的肥膘而且要切成细细的书页状。

……

总之，一切都要看上去很美，最好是让食客"一见钟情"。这样的下饭小菜才能"上得了台盘"。

（二）内功精细，暗藏玄机

这既是行业竞争的一种自我保护，也是本帮菜质量的内在要求。

上海餐饮市场的竞争是很激烈的，往往一家餐馆开发出了一道好菜，跟风仿冒的很快就会雨后春笋般的冒出来，所以这

虾籽白切肉

种"精致"的下一个要求，就是看上去很简单，但实际上你很难模仿得到位。从另一个角度来看，这些别出心裁的小手段也构成了本帮传统烹饪技艺的一大特色。

这样的例子有很多，比如：

生煸草头要放一酒瓶盖茅台提香；

葱油鲳鱼要用半水半油的老卤浸烫；

虾籽大乌参的虾籽要用中药碾子碾碎；

清炒鳝糊要荤油炒、素油烧、麻油浇。

……

无论是外表的精致还是内功的精细，上海人都非常认同这种充满了灵感与创意的二度创作，他们把类似的这种平实中的标新立异和自我宣扬，称为"腔调"。

把普普通通的下饭小菜做出与众不同的腔调来，这才能叫做"精致"！

转：以我为主 传承创新

在确立了选题范围，明确了文章立意之后，"老上海的味道"这篇大文章终于从一片混沌之中孕育出来一个明晰的结构框架了，但这里还有一个具体的问题，那

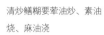

清炒鳝糊要荤油炒、素油烧、麻油浇

就是如何选取角度。

换句话说，即使本帮菜追求的目标已经缩小到了"做精致版的下饭小菜"这个范围内，而怎样去实现这个目标仍然可能会有一万种方法，那么本帮菜先贤们是从何处着手的呢？

答案很简单：以我为主，传承创新！

开埠早期的上海也曾在各种不同的文化碰撞中历经过种种不适应，但快速膨胀的城市给各位新移民们带来的共同利益太大了，他们很快意识到，与其争论到底哪种文化习惯更好或者更适合他们，还不如尽快适应不断变化的新形势，因为只要生存下来，就会有更好的机会发展。

所以，这就造就了上海这座城市的味道——一种难以言说的"复合味"。

你可以说它土洋结合，也可以说它不中不西；你可以说它荒诞不经，也可以说它自成一脉；总之，在中国各大城市中，上海的味道的确是有点不伦不类，从晚清那会儿起，人们就把这种文化现象称为"海派"。

"海派"一开始的时候完全是个贬义词，那会儿"海"是个什么意思呢？就是不着边际、就是没有规矩、就是胡闹乱来。

上海的历史中的确有过"冒险家的乐园"这么一种说法。但上海人也一直在这种动荡中找寻新的平衡，从而订立起一套只属于这个城市的各种新规矩。

打个比方来说，如今人们都知道上

海人做的旗袍是最能体现中国女性风韵的一种服装样式，但它不是一开始就有什么"裁片、缉省、归拨、牵带、滚边、合肩、装袖、夹里、装领"这么一整套工艺流程的。那会儿上海的裁缝们只是希望把旗袍做得更好看一些而已，但他们的师傅也就是清朝贵族却没有那么多讲究，于是这些上海裁缝们只好自己由着性子"胡来"。结果，这帮上海裁缝真的把旗袍做得比清朝贵族还要好了。

海派建筑如此、海派京剧如此、海上画派如此、海派文学如此，上海的本帮菜也同样如此。上海文化不同侧面的这种相似性，其实恰好反映了上海本土文化的一种共同的思维定式，早期的上海人也许是中国最早悟透"不管白猫黑猫，抓住老鼠就是好猫"的一个群体。换句话说，工具理性在很大程度上影响了"老上海"的思维模式。

本帮菜孕育成型的过程，也有着这样的一个传承和创新的过程，而且进一步的研究，我们会发现，本帮经典菜的诞生过程，几乎与海派文化的成型是同步的——

早期的海派文化以模仿和学习为主，缺乏章法和规矩。这一点在本帮菜上发展的初期也是如此。

晚清到民国年间，受当时动荡的时局影响，越来越多的文化人汇聚到上海来打拼，海派文化在这一时期得到了空前的发展。而这一时期，各地的风味菜肴也开始大面积地进驻上海，上海餐饮业形成了

1
海派文化是一种"复合"味

2
电影《花样年华》剧照

十六个帮别争奇斗艳的局面;

辛亥革命以后直到1937年淞沪抗战前，在高速且平稳地发展了近100年之后，海派文化终于迎来了它的收获期，这是上海历史上文化辉煌灿烂的一段花样年华时期，人们通常意义上所指的"老上海"一般指的就是1930年代的上海。而这一时期的本帮菜已经形成了完备的风格特征，其标志就是经典菜在这一时期集中地诞生出来。

这种"海派"思路具体表现在本帮菜的菜肴设计上，那就是要有"噱头"，就是要在平凡中看出不平凡来。

本帮菜中有不少经典菜式的最初模版是从其他帮派中学习过来的，比如油爆虾、八宝鸭、响油鳝糊、红烧划水、蛤蜊

鲫鱼汤、砂锅大鱼头等。但这些原创于客帮的菜式，显然不足以吸引上海人，因为它们还有一些要素还不够"上海"。

试以油爆虾来举例说明：这道菜的原始版本是将河虾油爆后，再放到清汤、酱油、白糖、葱节、姜片等调成的味汁中去。但这样做会有三个小问题，一是虾的脆度不够，虾头往往嚼起来很费力；二是卤汁的味道不够浓厚，不符合下饭的要求；三是这道菜看起来"没花头"，缺乏食欲。于是上海厨师保留了"生爆"这一工艺，但在卤汁处理上进行了深加工，用文火将酱油、白糖、绍酒、葱结、姜片、麻油熬成浓厚胶滑的卤汁，这样虾更脆了，更入味了，也更好看了，生意也就更好做了。

油爆虾

这样的例子是不胜枚举的，比如：

红烧划水要将青鱼尾切成扇面状；

虾籽大乌参要用红烧肉的卤汁来浸泡。

葱油鲳鱼要用京葱、洋葱和香葱进行组合；

……

让味觉更饱满醇厚，

使质感更诱人食欲。

看似普通家常，实则暗藏玄机，这才会有"于无声处起惊雷"的效果。

看似可有可无，实则若有若无，这才会有"妙处难与君说"的感受。

如果说"做精致版的下饭小菜"是本帮菜的"价值观"的话，那么"以我为主，传承创新"就是本帮菜的"方法论"。

而接下来实现这一目的的途径则是"英雄不问出处"，只要能为"我"的目的服务，那么其他帮派中的长处只管拿来就是，不管这种长处是菜肴的原创思路还是某一工艺细节的独特处理手法。

这就决定了本帮菜在风格形成过程中的这个传承和学习过程，是一个积极的、主动的过程。而"以我为主，传承创新"的思维模式，客观上也形成了本帮菜发展历史上的一种无形中的灵活有效的创新管理模式，那就是"放要放得开，收要收得拢"。

这样才能张弛有度，才能在较短的时间内有序且有效地使本帮菜的风格固化成型。

上海的历史是移民写就的

合：江南风味的最大公约数

"老上海的味道"这篇大文章，是一代代本帮菜先贤历时近百年的一次无意识的集体创作。而这个集体创作的一个最重要的共同纲领，就是他们在本帮菜的风格特征上，始终如一地追求一种"江南味道的最大公约数"。

这是"老上海的味道"这篇大文章中最重要的文眼，而这种既个性鲜明，又难以言说的特点，其实正因为它本身就是一个复合的产物。

上海的历史是由移民写就的，而五方杂处的移民不可能有一个统一的味觉版本，而他们又都生活在这个叫做上海的地方，于是对上海风味的打造，就成了一个

全体上海人无意识间的一种集体创作。而这种集体创作中，有三个层面的决定性因素是不可忽视的。

（一）江浙移民为主的市民结构

随着上海餐饮市场越来越红火，到底哪一种风味特征才是"上海"的，这个话题已经被餐饮市场的老板和厨师们研究了近70年。每天他们都要在这个越来越激烈的市场上打拼，在这个打拼过程中，人们更多记住的是那些一炮打响的走红菜式。进而才会有更多的人去研究为什么这样的新菜会如此受人欢迎。无形之中，这种规律总结式的创作模式一直被反复使用着，厨师们会从中看出一些窍门来。

本帮菜中很多菜式的味型都是咸中微甜的。因为江南一带普遍口味偏甜，但具

江南味道的"最大公约
数"

体说来又有所不同：比如淮扬菜基本上是正宗咸鲜味，糖只作为"吊鲜"的矫正味来使用，但苏州菜就不一样了，它的要求是在咸鲜味的基础上"甜出头"；无锡菜就更甜了。此外，杭州人口味偏淡，宁波人口味偏咸，但他们也都不反对菜式带点甜。

如果你是餐馆的老板，你会怎么办？这里的最佳答案，当然是不偏不倚地"和稀泥"，谁能做出"江南味道的最大公约数"，谁就能赢得更多的顾客群。道理就这么简单。

于是本帮味道最终被精确地定位在"甜上口，咸收口"上。也就是入口后会感觉到菜是甜的，但吃完以后，口腔里是咸鲜本味。

这就是一种成熟的烹饪审美理念。

（二）餐饮行业走向了全面职业化

本帮菜发展到民国年间时，已经基本上在上海占领了最大的一块餐饮市场份额。但另一方面，市面上做本帮菜生意的餐馆也越来越多了，于是，大浪淘沙式的市场选择就不可避免地出现了。

所以干餐馆这一行的人都知道，无论掌柜的、跑堂的还是厨师，"学生意"最重要的是要学到一身本事，有了本事，你就有了身价。原来小餐馆的那种夫妻老婆店的做法已经越来越落伍了。而这其中，手艺好的厨师会像今天的职业化球员一样，会被很多老板挖来挖去，厨艺界的这种人才竞争客观上推动了本帮菜走向成熟。

这里有一个例子：德兴馆的李林根是1926年进来"学生意"的，那一年他才17岁，他的父亲是三林塘有名的厨师李华春，李林根进店以后具体干了些什么我们不知道，但我们知道的是，当他30岁那一年，他已经成了这家餐馆的"把作"（厨师长），不仅如此，他还拥有这家店子20%的股份。

我们还可以看到的另一个事实是：德兴馆是当年上海最红火的本帮餐馆，那里不仅诞生过虾籽大乌参、白切肉等原创经典菜式，而且，它还是本帮餐馆中最早进行厨房规范化管理的，他们总结出来的"大兑汁""留老卤""定规矩"（指规范工艺操作过程）至今仍被视为本帮菜的无形法宝。

如果李林根没有相当的"核心竞争力"，他是不可能在德兴馆中干得如此滋润的。

这就意味着这个越来越成熟的市场不知不觉中做了这样的事，那就是主动地让可以引领市场走向的人占据更重要的位置。而这些厨艺经验和市场经验都很丰富的人才，客观上又进一步推进了"江南味道的最大公约数"。

（三）上海消费者的集体认同

本帮经典菜不是由厨师们臆想出来的，市场的导向起了一个关键的作用。而当时的消费群体中有一个特别值得关注的人群，就是被称为"小开"的有钱有闲阶层。

那时候的上海已经经过了几十年的高速发展，新移民中已经出现了今天所谓的"富二代"，他们衣食无忧，过着优裕的生活，却又缺少了上一代的拼搏精神，于是吃喝玩乐、追捧时尚就成了他们的生活重点。尽管从某种程度上来说，这一阶层的人对于上海社会的贡献不太大，但对于餐饮行业来说，这些吃遍上海的"老克勒"们可是宝贵的人才，因为他们会敏锐

青鱼秃肺是"老饕"们的
最爱

地发现市场上有什么样的新需求，而且他们本身就是这种需求的始作俑者。于是他们会向餐馆提出非常具体而明晰的改良要求，这就像布置作业一样，他们已经想好了题目是什么，餐馆只要完成他们的答卷，很可能就会推出一道市面上受欢迎的菜式来。

本帮名菜中的不少经典菜式如八宝鸭、油爆虾、青鱼秃肺、虾籽大乌参等等，这些经典名菜的菜肴设计之初，往往都与"老克勒"的"命题作文"有关。

市场导向是有一定条件的，那就是谁才是这个市场风向标的代言人，而上海独特的发展史恰恰为本帮菜培养好了一批这样的"老饕"，这也是一个历史的必然。

总而言之，"老上海的味道"最终定型在"江南风味的最大公约数"上，是上海历史和海派文化发展的一个必然结果。事实证明，这种独具一格的老上海风味特征是具有顽强的生命力的。

本帮菜的风格特色

在大致厘清本帮菜风格特色形成的过程之后，人们的下一个疑问是，这些特色鲜明的本帮菜到底该如何表述，才能将它们的味觉艺术特色清晰地表达出来呢？

在常见的关于本帮菜的解释中，我们一般看到的文字是这样的："本帮菜是上海菜的别称，是江南地区汉族传统饮食文化的一个重要流派。所谓本帮，即本地。以浓油赤酱、咸淡适中、保持原味、醇厚鲜美为其特色。常用的烹调方法以红烧、煨、加糖为主。后为适应上海人喜食清淡爽口的口味，菜肴渐由原来的重油赤酱趋向淡雅爽口。本帮菜烹调方法上善于用糟，别具江南风味。"

类似的这种"浓油赤酱、咸淡适中、保持原味、醇厚鲜美"的说法过于模糊了，因为除了上海本帮菜之外，哪个菜系没有几只"浓油赤酱、咸淡适中、保持原味、醇厚鲜美"的好菜呢？

既然"浓油赤酱"不足以描述本帮菜，那我们就必须要对本帮菜的味觉艺术特色进行更为精准的定位。这样才能把

"老上海的味道"说清楚。

咸鲜底 复合味

咸鲜底、复合味，是本帮菜的风味特色中的最为"广谱"的味觉艺术原则。在咸鲜三部曲中，这一艺术原则被排列在首位，它是本帮菜味觉艺术特色最重要的基石。

读懂本帮菜的这一味觉艺术特征，最好也得从上海文化着手。

海派文化原是一种中国前工业文明条件下产生的都市文化，是一种现代市民社会的文化，这是海派文化的性质。相对来说，海派文化在外来文化和中国传统文化之间，在精英文化和通俗文化之间，这种独特的文化气质不仅所受的拘束较少，而且它会主动使不同性格的文化相互激荡，这就是海派文化的活力和特点。

老上海人一般都以"老克勒"自居，"克勒"是英语"Color"（彩色）的音译，也有一说是"Class"——作等级、阶

油爆虾浓稠的复合味卤汁

级解释的，也有经典（Classical）的衍生义。那么"克勒"就会有两重含义，其一是富于变化；其二是经典。事实上，海派文化之所以能呈现出如此绚烂的色彩，也正因为它同时兼备了创新与传统这两者的长处。

既要有经典元素，又要创新元素，这一文化特质映射到饮食习惯上来，就是所谓的"咸鲜底、复合味"。

本帮菜首先必须是带有某种"经典"色彩的，这种经典就是江南的文化习惯。在饮食习惯上，苏浙皖一带的江南风味受

淮扬菜影响颇深，这种味觉审美理念要求各依天性，顺势而为，尽可能地展现食材天然的美。而不会像川菜、湘菜那样以麻辣、椒盐、五香等比较浓烈的外加调味品的味道来辅佐或者是盖过食材本来的味道。

本帮菜的菜式虽然品种繁多，但无论是什么样的菜式，究其初衷，其设计理念都要求味感和质感食材本身的味觉之美，并使之得到充分的发挥，而不能进行过度加工。

所以，本帮菜往往重用葱、姜、绍

1

2

1
——
本帮菜重用葱、姜、绍
酒、醋、白糖等调料

2
——
上海本帮菜在保持"咸鲜
底"的基础上，又力求变
化

酒、米醋、白糖等有助于咸鲜味更丰满的调味品，而辣椒、五香等调味料，即使要用，也一定要控制在"若有若无"的地步，使之成为"矫正味"，而不是主味型。

但另一个方面，受海派文化求新求变的文化特征所影响，上海本帮菜在保持咸鲜底的基础上，又在力求变化。

它会不遗余力地把"咸鲜"的文章做大。这就是所谓的"复合味"。而复合味的要求在操作实践中又具体体现在三个方面：

（一）本帮菜的复合味大多讲究原汁原味，也就是调味品与食材同时下锅，

靠火候的变化来控制蛋白质的分解，同时让调味品与主料在锅中生成一种统一的味道，从而得到更为入味的效果，这在烹饪学上称为"自源味"。而与自源味相对应的，是"外挂味"，那是人为地外加给主料赋予的一种味道，这会使人们感觉到主料与调味料并不相合，这是本帮厨师所忌讳的。

（二）本帮菜的烹饪技法，大多是一种复合技法。正如前文所述的"烧不离炒，炒不离烧"。而在本帮菜擅长的红烧技法中，也往往有自来芡、补油等复杂的细节技术。这些复合技法的目的都是为了使得咸鲜味更为细腻和丰满。

上海的味道是这个城市的
地方文化酿造而成的

（三）本帮菜往往会有一种称为"矫正味"的辅助添加味型，它不是一道菜肴的主味，但它又往往会在已经很丰满的味觉层次上，再增加一层美丽的味觉花边。

总之，咸鲜味的菜式是本帮菜中的主体部分，而以咸鲜味为主的本帮经典菜，必须体现出咸鲜底、复合味这两重含义，这是本帮味道的艺术特征中最重要的一个原则。

咸鲜底没有什么太多可细说的地方，但本帮菜味觉艺术的特色主要就是体现在复合味的各种细节层次上，这就需要再对复合味这一味觉艺术特征进行更精确的细分。

甜上口 咸收口

外地人看上海菜，往往就像文学作品中勾勒的"左手酱油瓶，右手糖罐子"那样，他们往往会直观地表述为："上海菜就是甜的"，但这种表述和"四川菜就是辣的"一样肤浅，做菜要是真的这么简单，哪里还有什么中华美食文化了？

但是话说回来，本帮菜中的许多菜式，尤其是炒和烧两大类主流菜式中，口味偏甜的确是一种比较普遍的现象。

那么，本帮菜的这种甜，到底有没有一个所谓的"标准"呢？

这就不得不回过头来看，推敲一下这

样两个比较原始的问题：一是上海人为什么喜欢咸中偏甜的味感；二是这种味感追求一种什么样的效果。

江南一带不产甘蔗，也不产甜菜，由于临近东海，所以这里原本口味是以咸为主，宁波、绍兴一带，至今还有"压饭榔头"这么一说（意思是特别咸的菜就特别能下饭）。

江南人喜欢吃甜，始于北宋变为南宋那会儿，由开封那帮跟着赵构跑到江南来的官员们带来的食俗，同时带过来的食俗，还有吃羊肉，羊这种家畜同样是江南一带比较少见的，但如今江南一带羊肉做得好的地方比比皆是。

但上海这座城市的文化特色主要是清道光年间之后才成型的，本帮菜偏甜的味觉艺术特征要从这个历史阶段说起。

上海开埠后不久，外来人口急剧增长。当时上海的外来人口中，宁波帮、南通帮和苏锡帮是最主要的三个群落，虽然现在看来这些地方相距不算太远，但在道路交通条件还比较落后的晚清时期，这三个地方的文化还是有着不少差异的，表现在饮食习惯上也大不相同。宁波、绍兴人偏咸，苏州、无锡人偏甜，而南通人的口味则比较中庸，就是咸鲜味。而中国人吃饭往往都是一群人一起去的，既然这些新上海移民中哪里人都有，那么餐馆的菜式就不能只照顾其中某一部分的人，否则就会有不习惯此种风味的客人"翻毛腔"（上海话反感、生气的意思）。

那么问题来了，这些口味不同的人在一起怎么个吃法呢？

当时的上海餐饮界就是这样一个逼着你做"和合"工作的市场。不过好在解开这道题并不需要有多深的学问，看看市面上卖得好的菜是怎么回事，大家就清楚了。答案就是"咸中微甜"。

咸中微甜具体说来是这样的，它要求菜肴的底味是建立在咸鲜味的基础上，而且还要比较浓郁，这样才会使食材本来的美得到充分的体现，但在此基础上，加入适量的糖，会使咸鲜味更为细腻和雅致，这是江南一带的人普遍都愿意接受的。

这种咸中微甜的具体味感，应该表述为甜上口、咸收口。

因为甜上口，所以每一位品尝到这道菜肴的客人都会有一种细腻、甜蜜而温柔的味感，但这种甜不可以太过浓郁，否则太甜的菜很快会抑制和麻痹味蕾的感觉，而咸收口指的是随着口中唾液的分泌，微甜的味感很快被更为浓郁的咸鲜所取代。

这种甜上口、咸收口的味感是值得大书特书的，因为它找到了一个人类味觉上最微妙的平衡点，因为人的舌头上的味蕾分布是不均衡的，舌尖易品甜、舌根易品苦、两腮易品酸、舌苔面相对均衡一些，主要品各色鲜味。甜上口、咸收口正好与舌头感知味觉的顺序相同，它既保持了菜肴应有的咸鲜特色，同时又给咸鲜底子勾勒出了一个美丽的味觉上的花边。

咸鲜底、复合味是咸鲜类的本帮菜的

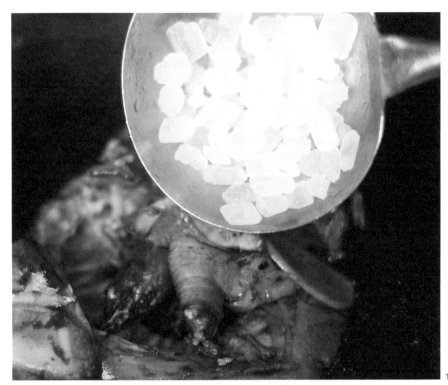

1
"甜上口"就是一种细
腻、甜蜜而温柔的味感

2
"咸收口"就是微甜的味
感很快被为更为浓郁的咸鲜
所取代

周虎臣毛笔制作技艺的精髓

上海本帮菜肴传统烹饪技艺

上海市国家级非物质文化遗产代表性项目丛书

169

总体原则，而甜上口、咸收口就相对比较清晰地表明了其艺术规律。

但甜上口、咸收口还不足以完全概括咸鲜类本帮菜的艺术特色，它还有更细微和精妙的层面，不过这要再往下细分才讲得清楚。

尚醇厚 重暗香

咸鲜底、复合味是总体原则，甜上口、咸收口是重要特色，那么再往下呢？本帮菜的味觉艺术特色到了这里就进入了比较微妙的精细环节了。

本帮菜仅次于甜上口、咸收口的另外一个味觉艺术特色，就是"尚醇厚、重暗香"！

本帮菜的风味是一种个性极为鲜明的"老上海味道"，这些看似简单家常的"精致版的下饭小菜"，往往蕴藏着一种说不清、道不明的独有的上海韵味，简单中蕴藏着细腻，浓郁中飘逸着淡泊，精致中暗含着古雅……总之，就是这种独特的韵味，才使得本帮菜有了穿透时空的生命力。

要知道，这些本帮经典菜分别是不同的历史年代，由互为竞争关系的餐馆里的老板厨师们创作出来的。这就不是一个偶然了，在这些绝招的背后，必然有一种规律性的审美原则在指导着一代又一代的本帮菜厨师们。

我们知道，海派文化是根植于中华传统文化基础上，融汇了吴越文化等中国其他地域文化的精华，吸纳消化了一些西方的文化因素，创立了新的富有自己独特个性的海派文化。在古今中外的各种移民文化的激烈碰撞中，海派文化逐渐沉淀下自己的文化性格来，那就是"以我为主，传承创新"。

这是一种低调的张扬！

低调的张扬本身也是一种矛盾，但上海人几乎天生就能圆融地将这种矛盾完美地结合为一体。而恰恰是这种带着矛盾的文化性格，使得海派文化的各个侧面都显现出了一种总体相似的独特魅力。

本帮菜也是如此。

因为需要低调，所以本帮菜大多看上去中规中矩，否则过于花里胡哨的菜式，不可能一下子就赢得八方移民的共同青睐；

但仅仅低调是远远不够的，因为本帮菜是在竞争中逐渐形成自己的风格特色的，既然是竞争，就要在低调的同时，亮出自己的过人之处来，否则生意还怎么做得下去？于是，它又同时需要在"看上去很简单家常"的同时，在具体的味道细节上体现出厨师的手段来。

本帮菜的这种味觉艺术追求，具体体现在调味的操作手法，就是它追求一种咸鲜味中的醇厚感。相对于家常菜版的那些类似的菜式，它的风格特色表现为调味品的比例相对较重，这样味感才会比较醇

本帮菜的风味就是一种独特的上海韵味

厚，也才会更为下饭。

以本帮菜较为擅长的红烧菜式为例，这一类菜式的调味过程中，酱油和糖的分量比起正常水平来说，是相对偏重的。当糖、醋、酒、酱油都放得相对偏重时，一种更为饱满浓郁的味感就形成了，而这种相对更为醇厚的味感显然更容易刺激人们的味蕾，当然也更为下饭。于是这种风格特色就迅速在各家餐馆中普及开来，成为一种无形的公共厨艺准则，并最终形成了本帮菜的一种特定的风格特色。

我们将这种风格特色称为"尚醇厚"。

不过，仅有尚醇厚是不够的，因为它所蕴含的技术含量并不高，这种"你有、我有、全都有哇"的小经验远远不足以在激烈的餐饮市场上崭露头角。在本帮菜的竞争史上，任何时期的竞争者都在追求一种"平中出奇"的厨房绝技，这就要求厨师们在菜肴的基本风味的基础上，再加上某些特别的"佐助味"。

没有这个所谓的佐助味，菜肴就是只是中规中矩的，它虽然也不会差到哪儿去，但绝对不会有诱人的神韵；但如果有了这个神奇的佐助味，菜肴的风格乃至神韵就一下子凸显出来了。打个比方来说，就像鲫鱼汤里的那一把胡椒一样，虽说有它没它都不影响鲫鱼汤的鲜美，但有了这一把起锅前的胡椒，鲫鱼汤的鲜美就不再是平面式的了，这种咸鲜味就会立体而生动起来。

在咸鲜类的本帮菜式中，这样的例子几乎可以信手拈来：

熏鱼要用反复使用的老卤来浸；

白切肉要用虾籽熬酱油来提鲜；

红烧圈子的厚重要用肉汤来打底；

红烧河鳗的清甜要用枣泥来提香；

生煸草头中要加一酒瓶盖的茅台酒；

砂锅大鱼头要用烤香的羊骨和炸透的鳝骨助味；

响油鳝糊要在下芡粉后开大火故意使局部淀粉焦煳。

……

总之，对于咸鲜味的本帮菜来说，这种"尚醇厚、重暗香"的味觉艺术规律其实反映了本帮厨师的一种集体性的习惯性思维。

这就是所谓的"低调的张扬"在菜肴风味上的具体体现。

宽糟头 淡酒尾

红楼不能没有泼辣矫情的王熙凤、三国不能没有粗中有细的猛张飞、水浒不能没有赤膊上阵的黑李逵、西游不能没有小肚鸡肠的猪八戒。要是没有了这些风生水起的配角，四大名著得多么无味啊。

同样的，如果说红烧类菜式是本帮菜这部大戏的当家主角的话，那么糟醉类的菜式就是其中活色生香的头号配角。糟醉是本帮菜中除了浓油赤酱之外的，值得大书特书的一篇大文章。

那么糟醉类的本帮菜式又有一个什么样的味觉艺术特征呢？这就要从本帮糟香这一味型的起源说起了。

酒糟作为一种特色调味品并非上海人的发明，早在上海开埠之前，宁波人吃糟货就已经吃了好多年了，而苏州太仓的糟油更是晚清时的贡品。但由于糟货最畅销的时候是夏天，而夏天酷热的天气下，糟货极易变味。在没有冰箱且交通不便的那个年代，这对矛盾当年应该困扰了不少上海滩的餐馆老板和厨师。于是在大同酒家（老大同酱园的前身）的推动下，上海人尝试着将绍酒糟的半成品运过来，将香糟复合的最后一步"发酵陈酿"改在上海当地完成。按照当时的上海文化习惯，他们当然会再次琢磨一下如何才能更好地把这最后这一步做得更好一些，因为他们没有过多的经验，所以也就没有相对固定的招式，一切都是在尝试中逐渐改进的，但这下一不小心就做出了后来名镇江南的老大同香糟。

本帮香糟之"香"，主要在于它将糟泥进行了二次发酵，同时恰到好处地辅以

1

2

各种增香赋味的香料，这就使得绍酒糟不再是"苦而烈"的绍酒的副产品，而成为了一种浓郁而醇厚的新型调味品。对当时竞争激烈的上海餐饮市场来说，这种原本根植于江南的味型显然不会存在水土不服的问题，而其那种既经典、又创新的味道也迅速征服了上海的食客。

随着本帮香糟味型的推广普及，新的竞争需要又在悄悄地推动着这种味型的精细研究。人们发现，老大同的糟泥虽然已经很好了，但如果大家都在使用，那么竞争又趋于同质化了，能不能在香糟的基础上再进行新一步的创新呢？

香糟虽然经过了发酵，但酒糟毕竟还是糟，如果只有糟而没有酒，那么菜肴的味道就过于老气横秋了。所以这里还要兑上一定量的绍酒。这样就形成了一种既不同于醉，又不同于酱的风味，它比酒更醇厚，比酱更清雅。

更深入地研究之后，本帮先贤们发现，香糟味最好是一种阅尽沧桑以后的淡泊，同时又自然地带有一种老于世故的深沉回味，这才会有一种独特的江南味道。于是在香糟加绍酒的基础上，他们又创造性地再添加适量的小茴香、或者香叶、或者葱姜、或者糖桂花，于是本帮香糟味型

1
老大同的糟泥坛

2
把糟泥糊吊成清糟卤是一项费工费时的活

从此开始显露出它"和而不同"的各种妖娆风姿来了，而德兴馆的糟钵头、同泰祥的糟猪爪、老正兴的青鱼糟煎等菜式也先后在市场上崭露头角。

本帮香糟虽然有很多技法上的细微区别，但总的来说，它们都要追求一种"宽糟头、淡酒尾"的味觉特征。

所谓的"宽糟头"，是指菜肴的头香，也就是方一上口时的那种糟香味感一定要饱满结实。换句话说，就是糟还需要辅助味型，而且这些恰如其分的辅助味型最好宽泛一些，要合并同类项，要追求各家自己鲜明的特色，这样的味感才更为醇厚、更为浓郁。这一点上，各家的手法虽然各不相同，但糟香味如果相对比较薄，比较寡淡，那是不足以吸引顾客的。这就是所谓的宽糟头。

所谓的"淡酒尾"中的酒，指的是绍酒的分量，其原理就像红烧菜式里的糖一样，它不是可以无节制地加进去的，而是以甜上口，咸收口的要求作为一种总体约束。糟香味型里也要加适量的绍酒，追求糟香味型的菜肴入口后的尾香，要以淡淡的绍酒余韵来作为结束，这样才显得更为雅致和淡泊。

和本帮红烧菜式的甜上口、咸收口这个原则十分相似，本帮糟香味型也有一个宽糟头、淡酒尾的约束。这也是一种低调的张扬。站在海派文化这个更为宽泛的角度上来看，本帮糟香味型同样也很"上海"。

形素雅 质软糯

在对本帮菜的味觉核心进行总结后，我们再将本帮菜的色泽、造型和质感的艺术规律进行一个总结。

中式厨房里有三大类硬功夫，分别叫做"炉、案、碟"。"炉"是司灶、"案"是切配、"碟"是装盘。本帮菜虽然都是些下饭小菜，但这些下饭小菜是一定要有"卖相"的，这个卖相既涉及菜肴外在的造型，也涉及菜肴内在的口感。

本帮菜艺术风格的形成是与实用主义的工具理性价值观紧密联系在一起的，所以在色泽和造型这两个方面，它的主要任务是将精致版的家常菜打扮得更诱人一些，仅此而已。而刀功复杂的象形冷盘和刻工精细的食雕艺术不太可能出现在本帮菜中，这些过度装饰在上海人看来，是一种"洋盘"（上海方言，对某件事外行）的表现。

但这不是说本帮菜的色泽和造型就没有什么花头好讲了。事实上，本帮菜的菜式虽然都是一些下饭小菜，这些下饭小菜绝大多数也只是用简单堆叠的方式进行摆盘的，但这些菜式中的讲究都藏在了暗处。

以最常见的红烧肉为例，它不像淮扬菜那样将五花肉用精细的刀功切好堆成宝塔形，而是直接大块上桌，但这些肉块要求色泽红亮、四角崭方，可以堆叠成整齐的九连方。八宝辣酱看起来就是乱糟糟的

一堆料，但它要求成菜包芡红亮、边缘只有一线明油。

油爆虾要卤汁红亮，胶稠如漆；

白切肉要形如书页，略带肥膘；

四喜烤麸要色如黄栗，外形挺实；

生煸草头要青翠逼人，清爽少汁。

……

总之，本帮菜一般不会在摆盘上做过于张扬的表面文章，它的目的其实非常简单，那就是一切都只是为了使得成菜显得更"扎台型"一些而已。这就要求它在"炉"和"案"这两大环节必须要为"碟"这个最终呈现形式服务。反映在菜肴上，这种艺术风格可以描述为"形素雅"。

本帮菜的经典菜式一般都诞生在著名餐馆中，这种"市肆菜"首先要追求工艺过程的合理性，因而在摆盘造型上，本帮菜追求的是一种适度加工，比如红烧划水，青鱼的尾巴要切成"扇面"状；比如八宝鸭，成菜要呈"和尚头"状；比如扣三丝，要堆成出水芙蓉般的细缕。

形素雅有两层意思，一是"素"，就是外观朴素，诚中形外，中规中矩，没有什么花里胡哨的唬人噱头；二是"雅"，这才是本帮菜着力追求的。"雅"要求看起来舒服，本帮菜虽然大多是家常菜，但它反对民间菜的那种"土、粗、杂"的不加修饰的粗犷风格，城市文明是要讲秩序和精细的，所以这种"素中之雅"才是本帮菜的造型艺术特色。

而质软糯则反映了本帮菜在菜肴的质

"质软糯"的糯，是一种
无筋无渣、入口即化的口
感

感上有一种独特追求。

江南一带自古就是物产丰饶，人才辈出的地方，这里虽然少有膀大腰圆、虎背熊腰的"男子汉"，但江南人骨头的硬度，是尽人皆知的。从"扬州十日"，到"嘉定三屠"，再到"天下兴亡，匹夫有责"，江南文化往往就像江南的绿竹，看似弱不禁风般纤细，实则风骨傲然地坚韧。这是江南文化中柔而韧的一面。

而江南的另一面，则是精致的、秀美的。这里有小桥流水人家式的优雅，也有市列珠玑、户盈罗绮的富足，江南独有的山水和文化，得使这里的人们自然而然地讲究一种内在的、骨子里头透出来的美。

这种复杂的文化性格决定了江南一带的烹饪审美观，那就是以质感的"软糯"为美。

"糯"是一种无筋无渣、入口即化的口感；但这种看似柔弱无骨的背后，却透着一种百炼钢化为绕指柔的执着。

作为口感上的味觉艺术特色，本帮菜的质软糯也是与"炉"这门功夫联系在一起的，这种口感质地的形成，对烹饪原料及火候的要求极高，所以本帮菜才会有千烧不如一焖、炒不离烧、烧不离炒、两笃三焖、三次补油等诸多相关的传统烹饪技法。

上海文化深受江南文化的影响，所以上海人当然会集体认同这样的一种烹饪审美观。

本帮菜的文化内涵

西方哲学中有三大终级问题："我是谁？我从哪里来？我要到哪里去"。

本帮菜同样要回答这三个终极问题。

回答这三个问题要看站在哪个层面上，我们已经从微观和中观层面上，对"我是谁"和"我从哪里来"进行了一定的剖析，但如果要回答"我要到哪里去"这个大问题，就必须站在全上海乃至整个中华美食林这个高度上重新认识一下前面的两个问题，否则就只能是就事论事，原地踏步。

换句话说，我们必须站在更高的文化层面从宏观上再打量一下本帮菜。这样才有利于我们"从历史走向未来"。

这就远不是泛泛而谈地就事论事了，它需要上海乃至全国的高度，从时间和空间这两重年轮上重新品读"老上海的味道"。

本帮菜味觉艺术的体系

人类是通过视觉、听觉、触觉、嗅觉和味觉来感知外部世界的。但在中国的文字中，只有味觉所感受到的那个客体，才可以被称为"味道"。而除了味觉以外，其他的感觉器官所感受到的客体，都是没有资格被称为"道"的。

一个城市的"味道"往往是具有两种含义的。广义的味道，指这座城市的综合文化气息留给人们的印象，这是大的"味道"；狭义的味道，指这座城市独有的味觉风格留给人们的体验，这是小的"味道"。

这本来是风马牛不相及的两码事，但中国人把它们都称为"味道"。

这应该不是一个偶然。

上海这座城市当然也会有一种独特的味道，这其中"老上海的味道"特色尤为鲜明。

从广义的味道这个概念来讲，"老上海的味道"就是以20世纪30年代为主的，这可以从《上海滩》《花样年华》这样的影视作品中看出来。

从狭义的味道这个概念来讲，"老上海的味道"就是成型于同一历史时期的

本帮菜是"海派"文化的
一个衍生分支

"上海本帮菜"。这些经典而独特的菜肴体系，已经形成了上海这座城市味觉上的集体记忆。

不管是广义的味道和狭义的味道，其实它们的文化土壤都是一致的，那就是上海独特的海派文化。这种文化渊源决定了上海人的文化性格，当然也就给了每一个上海人一个统一的"指导思想"，这些人可能从事各行各业，但不管他们干的是哪一行，他们最终都会呈现出一种风格相似的"老上海味道"来。

本帮菜当然也是如此，纵观本帮菜的发展历史，我们可以很清晰地看出，它本身就是海派文化的一个衍生分支。

如果把本帮菜比喻成为一棵大树的话，那么它的树根、树干、树枝、树叶、果实都是带着鲜明的上海基因的——

本帮菜的"树根"，就是上海的海派文化。

海派文化的基本特征是具有开放性，创造性，扬弃性和多元性。这种文化特质会赋予每一位上海人一种典型的"海派"思维模式，这也是广义和狭义上的各种形式的"上海味道"的共同的文化土壤。

本帮菜的"树干"，就是本帮菜的烹饪审美理念。

本帮菜之所以能够形成今天这种特色鲜明的风格，是与上海这座城市的发展历史分不开的，上海历史上的那些独特的政治、文化、经济因素共同打造了本帮厨师的一个集体意识，那就是烹饪审美理念。具体说来，这种烹饪审美理念也可以分为四个阶段，即"做下饭小菜的文章""做精致版的下饭小菜""以我为主、传承创新""江南味道的最大公约数"。

这些理念看上去是没法变成菜肴的，但务虚的重要性在于，它使得每一位本帮菜的厨师都"统一了思想"。

上述两块构成了本帮菜的"战略思想"。

本帮菜的"树枝"，就是本帮菜的具体风味特色。

本帮菜当然是需要一些"战术"层面上的理论原则的，这是它与其他帮别区别开来的最主要的标记。

本帮菜虽然也是以咸鲜味为主，但它在咸鲜味上搞出了属于自己的一种独特的风格，这种风格可以表述为：咸鲜底、复合味，甜上口、咸收口，尚醇厚、重暗香，宽糟头、淡酒尾和形素雅、质软糯。

这就使得本帮菜的风格特色越来越鲜明了，本帮风味也开始越来越具象了。

本帮菜的"树叶"，就是本帮菜具体的烹饪技法。

本帮菜细化到这个层面，就变得十分具有操作性了，那就是具体到每一道菜上来的与众不同的调味、火候等烹饪技法。比如具有普遍指导意义的千烧不如一焖、味忌单行、烧不离炒、炒不离烧、疏骨宜烤、细骨宜炸等，也比如细化到具体菜肴的红烧鱼的两笃三焖、三次补油、油爆虾的文火熬汁、武火爆虾等。

实际上，许多学习本帮菜的人往往是从这一步开始学起的，而这一步中又有太多语焉不详者、不求甚解者，甚至以其昏昏使人昭昭者，所以尽管现在本帮菜的菜谱很多，但靠菜谱学出来的人始终难以入门。

就算学到了本帮真经，悟性较差的厨师往往也只会仅仅停留在较低层面上，看不到更高层面的"战略"和"战术"，所以穷其一生最多也只能做几道拿手菜。

本帮菜的"果实"，就是本帮经典名菜。

人们认识本帮菜，往往是从这里入手的，通常人们对于本帮菜的这种认识过程又往往是从影像、文字等间接材料入手，而不是直接通过品尝来认识它。

这就带来了更大的偏差，须知味道的唯一最佳载体，就是人的舌头，这是任何其他记录方式都无法超越的。

我们列出本帮菜味觉艺术的体系来，就是为了表明"老上海的味道"的这种味觉艺术的特殊性。只有认清了它特殊性，才有可能把握住这种味觉艺术的规律，进而才谈得上所谓的传承和保护，在这个基础上才能谈得上创新和发展。

只有从全貌上认识了本帮菜的味觉艺术体系，才能解决本帮菜的"我是谁"的问题。

本帮菜灵魂在"杂于一"

上文"本帮菜味觉艺术体系"解决了"我是谁"的问题，接下来我们要再从宏观上厘清"我从哪里来"这个问题。

中华美食林中最著名的四大菜系分别是鲁、扬、川、粤，它们基本上都根植于相对单一的一种亚文化土壤中，而且都有一个相对漫长的孕育生长过程。所以它们的审美价值观也比较容易归纳，比如，鲁是"贵族菜"、扬是"文人菜"、川是"百姓菜"、粤是"商人菜"。

但本帮菜却不是这样，它最多只能定位于一种"市肆菜"。它的文化母体也就是海派文化自身也是在一片混沌中逐渐定型的，而且相对历时较短，从1843年上海开埠以来，上海文化的各个侧面都始终处于一种先聚变、再裂变的剧烈变化过程中。

如果说四大菜系的魅力在于"纯于一"的话，那么上海本帮菜恰好相反，它的魅力在于"杂于一"。"纯于一"的那种传统美食文化往往是内源的、自生的、文火慢炖式的；而"杂于一"则是杂交的、派生的、旺火速成式的。

这里的"杂"，有两层含义，一是"博杂"；二是"复杂"。

所谓"博杂"，是指本帮菜的审美理论体系的来源比较广泛，如上所述，本帮菜追求的是"江南风味的最大公约数"，这就使得它的理论体系必须建立在江南诸多风味的共同基础之上，找到或者创造出它们之间的共同交集来。这是它"博杂"的地方。

所谓"复杂"，指的是它的味觉艺术效果比较浓厚馥郁。那种互相轩邈、难以言表的厚重味感一方面是为了更好地服务于"下饭"这个目的；另一方面，也是为

了以丰富的味觉层次来体现城市文明的精致和规范，简单地说，就是为了更有"腔调"。

这两重含意的"杂"，实际上恰好是"老上海味道"的根源。因为海派文化的基因也是建立在这两种"杂"的基础上。所以说，如果一定要把"老上海的味道"用文字表述出来的话，那么"杂"就是第一个要素。

但"纯于一"与"杂于一"的共同之处，在于它们最终都汇聚成了一个有形的、富有生命力的个体，这就是那个"一"。

"一"的重要性在于，它不再是无系统的、无价值的、无共性的个体，而是最终形成了系统的、有机的、有共同基因的生命体。

所谓的"一"，就是本帮菜是有着一个统一的价值体系存在着的，具体说来，就是"做精致版的下饭小菜"，就是在"以我为主、传承创新"的道路上，追求"江南味道的最大公约数"。

这个"一"始终贯穿在本帮菜发展的历史中，也始终在指导着本帮菜走向风格的最终定型。我们知道本帮菜是若干代上海餐饮从业者的无意识的一种集体创作，这些师傅们不管他们生于上海的哪个历史时期，不管他们的从业经历多么充满戏剧性，甚至不管他们具体做的是哪一道拿手菜。这个无形的"一"都一直牢牢地占据在他们的心里。

"博杂"和"复杂"后的
本帮菜，归于一种老上海
记忆中的经典味道

如果说"杂"是珍珠，那么"一"就是串起珍珠的那条丝线。这个"一"的重要性在于，有了它，本帮菜就不再是无系统的、无价值的、无共性的个体，而是最终形成了系统的、有机的、有共同基因的生命体。

"杂于一"是一种充满着对立矛盾的思维模式。一方面它既要求新求变；另一方面它又同时要求万变不离其宗。

家常小菜全国各地都有，也差不多人人会做。但只有上海的本帮菜最终形成了一个完整的菜系，这与本帮菜始终坚持"杂于一"的价值观是分不开的。

这就是本帮菜的终极指导思想！

之所以要再次从宏观上总结本帮菜的文化内涵，是因为只有明确了本帮菜是从哪里来的，我们才能准确地把握住本帮菜的灵魂，才能在保护和传承中避免误入歧途。

具体来说，我们首先要厘清什么是"老上海的味道"，这样我们才会有相对比较明确的对象感，具体来说，就是我们先懂得本帮味道的那个"一"，然后，我们才可以"以我为主"地去进行"杂"的修炼。

但事实上，本帮菜之所以沦落到需要保护的地步，也正是因为我们丢掉了那个说不清、道不明的"一"，这就没方向

上海作为移民城市，从"非遗"的角度来说，"非排他性"造就了本帮菜肴制作技艺的不断进步

了，你不知道红烧肉里的糖要甜到哪一步、油爆虾的卤汁要稠到哪一步，糟钵头里的糟卤要香到哪一步，就算你做出来的菜仍然叫那个菜名，那也只是徒有其形了。

这就是许多本帮餐馆至今仍然坚持学徒最好招上海本地人的原因。因为上海人无论从思想意识上还是从实践上，都比较容易认清本帮味道的那个"一"是什么——

它是老上海人味觉上的一种集体记忆；

它是上海这座城市味觉上的一种方言；

它也是上海地域文化味道上的活化石。

"本帮菜"的定义

什么叫本帮菜？

这是一个看似多余的问题，但仔细推敲一下，你就会发现，"本帮菜"这一概念至今仍然模糊不清，而这是一个不得不厘清的问题。

在百度上，"本帮菜"词条是这样描述的：

"本帮菜是上海菜的别称，是江南地区汉族传统饮食文化的一个重要流派。所谓本帮，即本地。以浓油赤酱、咸淡适中、保持原味、醇厚鲜美为其特色。常用的烹调方法以红烧、煨、加糖为主。后为适应上海人喜食清淡爽口的口味，菜肴渐由原来的重油赤酱趋向淡雅爽口。本帮菜烹调方法上善于用糟，别具江南风味。"

从学术角度出发，这个定义是极其模糊的。

所谓"本帮菜是上海菜的别称"一说根本不成立。因为"上海菜"显然包含的范围更广，在上海的餐饮史上，海派川菜、海派淮扬、海派素菜、海派西餐、新派粤菜等也都曾一度风行沪上，它们显然是"上海菜"，但显然又不算"本帮菜"。

如果说"本帮"即"本地"，那么就越解释越糊涂，因为上海开埠只有140多年的历史，而本帮菜的风格特色恰恰是在这140多年中逐渐发展起来的，这个"本地"指的又是什么时候的"本地"呢？

再往下就更"捣浆糊"了。中国哪个菜系没有几只"咸淡适中、保持原味、醇厚鲜美"的名菜呢？即使是个性特色极为鲜明的川、湘菜系中，也有许多名菜是符合这个特征的。

很多人会说，"本帮菜"就是个约定俗成的概念罢了，反正老百姓心中都有一本账的，搞那么严肃吓唬谁呢？

"本帮菜"这个概念诞生那会儿的确也是这么简单的，那纯粹就是老上海人的一种相对比较随便的说法而已，他们实际上的意义指的是被上海城市文化普遍认同的一种风味特征的菜肴群体。

但现在问题来了：打着"本帮菜"旗号的餐馆越来越多了，自我标榜为本帮菜美食家的大腕们也越来越多。本帮菜这个极富上海地域文化特色的旗号，正在不可避免地沦为各种功利心下的一种"幌子"。而真正属于上海这座城市的风味特征的那个"正宗本帮菜"的手艺，却越来越边缘化了。

不过要从学术上把本帮菜界定清晰，也并不是一件容易的事。因为从美食文化的角度来看，上海这个地域的相关传承最为复杂。

首先，上海开埠只有100多年，历史上它就是一个移民城市。它不可能像鲁菜、淮扬菜、川菜和粤菜那样具有相对独立的、漫长的演化史。这个城市的文化本来就是在借鉴学习、消化吸收的基础上逐渐形成自我风格的。

其次，上海菜肴的风味与其他各菜系之间的关系本来就是你中有我、我中有你，很难有一种严格的区分方式来表明某一风味到底是不是"上海"的。

再次，上海在不同的历史时期出现了不同的代表菜式，比如晚清时的青鱼秃肺，民国初年的烟熏鲳鱼，1949年5月后的小绍兴白斩鸡等，哪些是能够代表上海的味道，也是一言难尽的。

有趣的是，在美食文化圈以外，本地老百姓们对于上海菜的风格，尤其是老上海的"本帮菜"是有着明确的概念的。他们可能说不出什么学术化的名词，但什么是"老本帮味道"，什么不是"老本帮味道"，他们会毫不犹豫地一一指明，而且相当自信。

本帮菜的文化价值　　上海本帮菜肴传统烹饪技艺　　上海市国家级非物质文化遗产代表性项目丛书

比如，油爆虾算是本帮菜，但同为风行上海的菜肴，咖喱鸡、罗宋汤则不算；再细化一下，同是江南风味，生煸草头算是本帮菜，但毛豆子炒咸菜则不算。

这就说明，在上海人的心目中，不管这些菜肴的来历如何，确实有一些菜肴的风味特色，已经固化成了他们的一种味道记忆。这种足以代表上海这座城市的"味道上的集体记忆"具有某种相同的共性。虽然这种共性很难用学术化的语言表达出来，但每一个上海人都能清楚地感受到这种共性是什么。

造成"本帮菜"说不清楚的根本原因在于，以往的概括性的总结往往都是从烹饪技法这个相当狭窄的角度来切入的。而上海本帮菜的烹饪技法本来就是与其他帮派互相渗透关联的，这样的切割不可能分清楚"本帮菜"的历史文化传承。

真正能够将"本帮菜"与其他菜系区分开来的，应该是美食文化背后的上海地域文化。在中国的各大城市中，上海的地域文化是具有极其鲜明的特色的，而"本帮菜"从一开始就是这种独特的地域文化的产物。因而不管本帮菜的具体菜肴是不是由上海人发明创造的，这些菜式都必然具有上海地域文化独有的烹饪审美理念。

所以"本帮菜"的定义应该换一个角度，从烹饪工艺学角度跳开，升华到美食文化的高度来看。这样才能对"本帮菜"进行清晰的定义。

从这个角度出发，"本帮菜"可以定义为：

本帮菜是上海海派文化的衍生文化分支，其风味特征具有鲜明的上海地域特色。

本帮菜以"精致版的下饭小菜"为主，尤以红烧和糟香类菜式见长，体现了"江南味道的最大公约数"。

本帮菜的味觉艺术特征可以表述为"咸鲜底，复合味""甜上口，咸收口""尚醇厚，重暗香""宽糟头，淡酒尾""形素雅，质软糯"等5个方面。其经典菜式及其风味特征已经形成了上海这座城市"味道上的集体记忆"。

外一章 何为"菜系"

从20世纪50年代起，中国出现了鲁、苏、川、粤四大菜系。这种以省级行政区划进行地域划分的方式很快引起了各地的不满，于是菜系进行了"扩军"，增加了"浙、闽、徽、湘"而成了八大菜系。但由于缺乏菜系划分的可信的依据，没有列进这八大菜系的其他省级行政区划也纷纷表示不服，随后又出现了"十大菜系"等诸多说法。一时间，"秦菜""豫菜""滇菜""黔菜""东北菜"等名头满天乱飞。

名目繁多的"菜系"之争，实际上反映了各地希望借美食文化这杆大旗带动地方经济的心理。而这种菜系之争的现象，看上去是美食文化的繁荣，但实际上是对中华美食以及相关文化的极大的不尊重。尽管人人都认识到了这种乱象，但由于缺乏相应的规范化定义，人们又很难对这种菜系之争的乱象进行反驳。

其实，"菜系"这一概念在老百姓的心目之中，是有着某种约定俗成的含义的。

首先，一个菜系的形成，当然应该是当地的地域文化的产物。在漫长的历史演化过程中，这种独特的地域文化赋予了当地美食一种独特的烹饪审美观，比如鲁菜是"贵族菜"、淮扬菜是"文人菜"（似不可写为"苏菜"，美食文化没有"省级区划"这个概念）、川菜是"百姓菜"、粤菜是"商人菜"。不同地域的烹饪审美方式的不同，决定了那里的人们以何种口感、味感、造型和进食程式为美，继而才会诞生出那里独有的烹饪技法和美食文化。

其次，一个菜系的形成，是以传统经典菜肴作为其外化的代言人的。鲁、扬、川、粤四大菜系中，都有很多经典的、为全国人民所共同喜爱的传统菜式。而这些菜式往往种类繁多，可以涵盖全部中式宴席中的冷、热、汤、甜、点等五大子类。历史上烹饪文化不甚发达的地方，往往只

有几道拿得出手的经典菜式（点心），远远不能构成宴席体系。这就显然不够称得上"系"了。

再次，一个菜系的传承，是由具体的传承脉络中的一代又一代的厨师来完成的。没有代代相传的地域文化和相关的美食渊源，哪来独特的烹饪技法？而如果都是些生搬硬套的、甚至是胡编乱造的新菜式，又怎么可能担得起"菜系"二字的厚重呢？

从美食文化这个学术角度出发，所谓"菜系"是可以进行清晰界定的。

一个菜系的形成，必须具备下列三大条件：

（一）是否具备一整套拥有鲜明地域文化特色的烹饪审美理念及与之相对应的烹饪技法。

（二）是否拥有冷菜、热菜、汤菜、甜品、点心等一整套具有全国影响力的传统经典菜肴。

（三）是否存在一支传承脉络清晰的、具有独特烹饪技艺的厨师队伍。

从这个定义角度出发，本帮菜虽然起步较晚，但它仍然不失为一个完整的菜系，因为它全部符合了上述学术界定。这也是上海本帮菜肴传统烹饪技艺在各大菜系中率先被列入国家级非物质文化遗产代表性项目名录的原因之一。

附录

Appendix

—— 大事记 ——

清朝后期

本帮菜逐渐兴起；从小东门到南京路上海菜馆酒楼已有一二百家之多,主要特点：取用本地食材为主,烹调方法以红烧、蒸煨、生煸、炸、糟见长。

1862年（清同治元年）

老正兴在上海开办。

1875年（清光绪元年）

上海老饭店的前身荣顺馆在旧校场路开张。

1883年（清光绪九年）

德兴馆在真如路开业。

民国时期

本帮菜发展繁荣，包容并蓄了沪、苏、锡、甬、徽、粤等口味聚于一地的趋势。在这一阶段，本帮菜口味特点为：卤汁浓淡适中,有清淡素雅,也有浓油赤酱。

荣顺馆、老人和、一家春、泰和馆等，以本地菜为特色，主要成型或定型于此时期的著名菜式有八宝鸭、八宝辣酱、鸡骨酱、汤卷、腌笃、咸肉百叶、肠汤线粉等。

德兴馆率先走出了"精致化"的路线，主要成型或定型于此时期的著名菜式有：白切肉、糟钵头、鸡圈肉、腌笃鲜、扣三丝、虾籽大乌参等。

老正兴以河鲜为特色，主要成型或定型于此时期的著名菜式有：油爆虾、青鱼秃肺、红烧划水、油酱毛蟹、炒蟹黄油、红烧圈子等。

同泰祥以糟货为特色，主要成型或定型于此时期的菜式有：砂锅大鱼头、糟鸡、糟肚、糟猪爪、糟扣肉、糟煎青鱼等。

中华人民共和国成立后

本帮菜走向鼎盛。本帮菜在激烈的市场竞争和交流中大放异彩，形成了以上海和苏锡江南水乡风味为主体，兼有各地风味的一个上海地方风味菜系。

1965年

老荣顺馆迁至城隍庙西侧的福佑路242号，三开间门面，上下2层。这家已经营了90年的荣顺馆正式更名为上海老饭店。

1978年始

许多传统老字号的餐饮企业在政府的支持下开始重振旗鼓。德兴馆、老正兴、同泰祥、上海老饭店等多家本帮菜老字号餐饮企业也开始重新走上正轨。

改革开放前夕

本帮菜传统烹饪技艺在饮食服务公司和烹饪技工学校的各种比武、展示、交流、教学和书籍汇编中得到了充分交流与融合，更加科学规范，本帮菜由此在中华美食林中正式成为了一种门类齐全的菜系。

2003年

德兴馆正式并入上海老饭店管理体系。

2014年

11月，上海本帮菜肴传统烹饪技艺被正式列入国家级非物质文化遗产代表性项目名录，这项非遗的保护单位是上海老饭店。

图书在版编目(CIP)数据

上海本帮菜肴传统烹饪技艺/上海市文化广播影视
管理局编著.—上海:上海人民出版社,2018
(上海市国家级非物质文化遗产代表性项目丛书)
ISBN 978 - 7 - 208 - 15252 - 6

Ⅰ.①上… Ⅱ.①上… Ⅲ.①烹饪-方法-上海
Ⅳ.①TS972.117

中国版本图书馆 CIP 数据核字(2018)第 134236 号

责任编辑　舒光浩　关沪民　陈佳妮
英文翻译　陈佳妮
技术编辑　伍贻晴
装帧设计　胡　斌　刘健敏

上海市国家级非物质文化遗产代表性项目丛书
上海本帮菜肴传统烹饪技艺
上海市文化广播影视管理局　编著

出　　版　上海人民出版社
　　　　　(200001　上海福建中路 193 号)
发　　行　上海人民出版社发行中心
印　　刷　上海盛通时代印刷有限公司
开　　本　787×1092　1/16
印　　张　12.5
版　　次　2018 年 7 月第 1 版
印　　次　2018 年 7 月第 1 次印刷
ISBN 978 - 7 - 208 - 15252 - 6/TS·31
定　　价　90.00 元